Guangxi Academy of Agricultural Sciences

2018 Sugarcane Research and Development Report

广西农业科学院

甘蔗发展报告2018

农业农村部广西甘蔗生物技术与遗传改良重点实验室

广西甘蔗遗传改良重点实验室

Key Laboratory of Sugarcane Biotechnology and Genetic Improvement (Guangxi), Ministry of Agriculture and Rural Affairs, P.R. China

Guangxi Key Laboratory of Sugarcane Genetic Improvement

中国农业出版社

北　京

主　　编：李杨瑞　黄东亮　范业赓
编著人员：吴建明　韦国才　Prakash Lakshmanan　王维赞
邓智年　陈忠良　刘昔辉　宋修鹏　黄　杏
莫璋红　徐　林　陈荣发　汪　淼　林　丽
吴凯朝　廖　芬　秦翠鲜　丘立杭　桂意云
翁梦苓　李傲梅　刘　璐　陈　莉　莫善平

Chief editors: Yang-rui Li, Dong-liang Huang, Ye-geng Fan
Associated editors:
Jian-ming Wu, Guo-cai Wei, Prakash Lakshmanan, Wei-zan Wang, Zhi-nian Deng, Zhong-liang Chen, Xi-hui Liu, Xiu-peng Song, Xing Huang, Zhang-hong Mo, Lin Xu, Rong-fa Chen, Miao Wang, Li Lin, Kai-chao Wu, Fen Liao, Cui-xian Qin, Li-hang Qiu, Yi-yun Gui, Meng-ling Weng, Ao-mei Li, Lu Liu, Li Chen, Shan-ping Mo

Contents 目 录

领导重视

IMPORTANT GUESTS

2018年2月1日，广西壮族自治区党委副书记孙大伟在广西农业科学院邓国富院长和谭宏伟副院长陪同下考察广西甘蔗重点实验室、甘蔗健康种苗、甘蔗种质资源圃。

Da-wei Sun, Deputy Secretary of the CPC Guangxi Committee, visited the Key Laboratory of Sugarcane Biotechnology and Genetic Improvement, Guangxi Academy of Agricultural Sciences (GXAAS), on February 1, 2018. He has inspected Key Laboratory facilities producing virus-free sugarcane seedlings for Guangxi sugarcane industry and GXAAS sugarcane germplasm nurseries, along with the President of GXAAS Guo-fu Deng and Vice President Hong-wei Tan.

2018年3月9—10日，广西农业科学院院长邓国富陪同广西壮族自治区财政厅副厅长黄绪全到海南甘蔗杂交基地调研，并了解甘蔗育种进展。

Guo-fu Deng, President of Guangxi Academy of Agricultural Sciences and Xu-quan Huang, Deputy Director of Department of Finance, Guangxi Government visited the Hainan Sugarcane Crossing Base on March 9-10, 2018 and learned about the progress of sugarcane breeding for Guangxi sugarcane industry.

2018年4月26日，广西农业科学院甘蔗研究所牵头的国家甘蔗良种重大科研联合攻关启动会在广西南宁举行。农业农村部种子管理局局长张延秋，广西种子管理局局长祁广军，甘蔗良种重大科研联合攻关首席专家、重点实验室主任李杨瑞发表讲话。

The inauguration meeting of the official launch of National Joint Research Project on Sugarcane Variety Improvement, led by Sugarcane Research Institute, Guangxi Academy of Agricultural Sciences (GXAAS) was held in Nanning, Guangxi on April 26, 2018. Yan-qiu Zhang, Director of the Seed Administration Bureau of the Ministry of Agriculture and Rural Affairs, P.R. China, Guang-jun Qi, Director of Guangxi Seed Administration Bureau, and Yang-rui Li, Chairman of the project and Director of the Key Laboratory of Sugarcane Biotechnology and Genetic Improvement, GXAAS delivered speeches.

2018年7月11日，广西壮族自治区糖业发展办公室副巡视员刘全跃和糖料处处长冯晓善由广西农业科学院甘蔗研究所吴建明所长陪同到海南甘蔗杂交基地考察。

Quan-yue Liu, Deputy Counsel, and Xiao-shan Feng, Director of Sugar Crop Division, Guangxi Office of Sugar Industry Development, accompanied by Jian-ming Wu, Director of Sugarcane Research Institute of GXAAS, visited the Hainan Sugarcane Crossing Base on July 11, 2018.

2018年10月8日，广西壮族自治区副主席方春明在广西农业科学院邓国富院长和谭宏伟副院长陪同下到实验室调研甘蔗科技创新和成果转化工作。

Chun-ming Fang, Vice Governor of Guangxi, accompanied by the President Guo-fu Deng and Vice President Hong-wei Tan of Guangxi Academy of Agricultural Sciences (GXAAS), visited the Key Laboratory of Sugarcane Biotechnology and genetic Improvement, GXAAS to inspect the science and technology innovation and achievement extension work on October 8, 2018.

2018年10月31日，农业农村部种业管理司副司长周云龙，农作物种业处副处长何庆学，广西种子管理局局长祁广军、副局长郭小强一行到我院调研广西甘蔗种质资源普查与收集工作。

Yun-long Zhou, Deputy Director of the Department of Seed Industry Management, Qing-xue He, Deputy Director, Crop Seed Industry Division, Seed Industry Management Department, Ministry of Agriculture and Rural Affairs, and Guang-jun Qi, inspected and Xiao-qiang Guo, Deputy Director of Guangxi Seed Administration Bureau inspecting the work on survey and collection of sugarcane germplasm on October 31, 2018.

2018年11月8日，广西壮族自治区党委书记鹿心社到广西农业科学院调研，并视察实验室甘蔗新品种展示。

Xin-she Lu, Secretary, CPC Guangxi Committee inspected Guangxi Academy of Agricultural Sciences (GXAAS) on November 8, 2018 and learned about the progress of sugarcane variety development by Sugarcane Research Institute, GXAAS for the Guangxi sugarcane industry .

1 承担科研项目

RESEARCH PROJECTS

2018年共有自治区级以上在研项目54项（表1、表2），其中新立项目12项（表1），资助经费共计899万元，包括国家重点研发计划课题1项，经费509万元；国家自然科学基金项目3项，经费共81万元；广西自然科学基金项目7项，经费共126万元；农业农村部项目1项，经费共183万元（表1）；同年新增广西农业科学院基金和基本科研业务专项13项，经费230万元（表3）。

In 2018, there were 54 ongoing research, development and extension projects funded by the provincial or national government departments in the Key Laboratory of Sugarcane Biotechnology and Genetic Improvement, Guangxi Academy of Agricultural Sciences (Tables 1 and 2). Among them, 12 provincial or national projects were newly approved with a total fund of 8.99 million yuan. One of them was from National Key Research and Development Program of China with the fund of 5.09 million yuan, 3 were from National Natural Science Foundation of China with the fund of 0.81 million yuan, 7 were Guangxi Natural Science Foundation with the fund of 1.26 million yuan (Table 1), and another 1 project was from Ministry of Agriculture and Rural Affairs for 1.83 million yuan. Besides, 13 projects of Guangxi Academy of Agricultural Science were approved with the funds of 2.30 million yuan (Table 3).

1.1 2018年省部级以上项目 Projects Approved in 2018

2018年省部级以上项目获立项12项，累计经费899万元，其中当年下拨经费653.24万元（表1）。

In 2018, there were 12 projects approved by provincial or national government with a total fund of 8.99 million yuan, with the current year budget totaling 6.532 million yuan (Table 1).

表1　2018年新增省部级以上科研项目一览表

Table1　Provincial and national government funded projects approved in 2018

序号 NO.	项目名称 Title	项目来源 Source	合同编号 Contract Number	起止时间 Period	立项经费（万元） Total Fund	当年到位经费（万元） Fund for 2018	主持人 PI
1	甘蔗化肥农药减施增效技术集成研究 Research on the integrated Technology of improving benefits by reducing chemical fertilizer and pesticide in sugarcane	国家重点研发计划 National R & D Program	2018YFD-0201103	2018-07—2020-12	509	315.64	谭宏伟 Hong-wei Tan
2	伯克氏固氮菌GXS16与甘蔗根系高效联合固氮的生理和分子基础研究 Physiological and molecular basis of high nitrogen fixation efficiency of endophytic diazotroph Burkholderia sp GXS16 associated with sugarcane root.	国家自然科学基金 National Natural Science Foundation of China	31801288	2019-01—2021-12	24	14.4	李长宁 Chang-ning Li
3	甘蔗抗梢腐病氮代谢和系统获得性抗性途径关键组分γ谷氨酰转移酶基因*SoGGT1*克隆及功能鉴定 Cloning and function identification of γ-glutamyltransferase gene *SoGGT1*, important component of nitrogen metabolism and systemic acquired resistance pathways during sugarcane resistant to pokkah boeng disease	国家自然科学基金 National Natural Science Foundation of China	31801422	2019-01—2021-12	23	13.8	王泽平 Ze-ping Wang
4	蔗叶与蔗叶生物炭还田下其C、N协同归还研究 The C、N return of sugarcane trash and biochar	国家自然科学基金 National Natural Science Foundation of China	31860350	2019-01—2022-12	34	20.4	刘昔辉 Xi-hui Liu
5	物种品种资源保护项目 Project on germplasms conservation	广西壮族自治区农业厅 Department of Agriculture and Rural Affairs of Guangxi	—	2018-01—2018-12	183	183	李杨瑞 Yang-rui Li
6	甘蔗微型反向重复转座元件的系统分离及其开发和应用研究 The systematic isolation, development and application of sugarcane MITEs	广西自然科学基金 Guangxi Natural Science Foundation	2018GXNSFDA294004	2019-01—2022-12	40	40	刘俊仙 Jun-xian Liu

（续）

序号 NO.	项目名称 Title	项目来源 Source	合同编号 Contract Number	起止时间 Period	立项经费（万元） Total Fund	当年到位经费（万元） Fund for 2018	主持人 PI
7	不同品种甘蔗根瘤菌的多样性研究 Study on the diversity of Rhizobium in different Sugarcane varieties	广西自然科学基金 Guangxi Natural Science Foundation	2018GXNSFAA281152	2019-01—2021-12	12	12	林丽 Li Lin
8	甘蔗抗梢腐病氮代谢和系统获得性抗性途径关键组分γ谷氨酰转移酶基因*SoGGT1*克隆及功能鉴定 Cloning and function identification of γ-glutamyltransferase gene *SoGGT1*, important component of nitrogen metabolism and systemic acquired resistance pathways during sugarcane resistant to pokkah boeng disease	广西自然科学基金 Guangxi Natural Science Foundation	2018GXNSFAA281213	2019-01—2021-12	12	12	王泽平 Ze-ping Wang
9	甘蔗宿根矮化病致病基因*pg1A*功能解析及互作基因的挖掘 Functional analysis of pathogenicity gene *pglA* in Leifsonia xyli subsp. xyli and excavation of its interaction genes	广西自然科学基金 Guangxi Natural Science Foundation	2018GXNSFAA294041	2019-01—2020-12	20	10	张小秋 Xiao-qiu Zhang
10	转录组测序揭示GA_3抑制甘蔗分蘖的调控机制 Transcriptome sequencing revealed the regulatory mechanism of GA_3 inhibiting tillering in sugarcane	广西自然科学基金 Guangxi Natural Science Foundation	2018GXNSFAA138149	2018-07—2021-07	12	12	丘立杭 Li-hang Qiu
11	*SofSPS DIII*家族基因在高糖甘蔗及其后代种质间的遗传分析 Genetic analysis of *SofSPS DIII* family genes in high sugarcane and its progeny germplasm	广西自然科学基金 Guangxi Natural Science Foundation	2018GXNSFAA138013	2018-07—2021-07	10	10	陈忠良 Zhong-liang Chen
12	甘蔗*SofSPSD III*基因参与甘蔗生长和蔗糖积累的功能鉴定 Functional identification of *SofSPSD III* gene involved in growth and sucrose accumulation in sugarcane	广西自然科学基金 Guangxi Natural Science Foundation	2018GXNSFAA138013	2018-07—2020-07	20	10	秦翠鲜 Cui-xian Qin
合计	12项	—	—	—	899	653.24	—

2018年省部级以上项目在研项目共42项（表2）。

In 2018, 42 projects form provincial or national departments were undertaking (Table 2).

表2　2018年自治区级以上在研项目一览表

Table 2　Ongoing projects funded by provincial or national government departments in 2018

序号 NO.	项目名称 Title	项目来源 Source	合同编号 Contract Number	起止时间 Period	立项经费（万元） Total Fund	当年到位经费（万元） Fund for 2018	主持人 PI
1	甘蔗宿根矮化病罹病株根际微生物群落结构重建及拮抗菌的鉴定与利用研究 Study on re-construction of soil microbial community structure in rhizosphere of sugarcane infected ratoon stunting disease (RSD) and indentification, utilization of its antagonistic microbes	国家自然科学基金 National Natural Science Foundation of China	31760368	2018-01—2021-12	38	2.49	谭宏伟 Hong-wei Tan
2	斑茅割手密复合体后代宿根性与SSR标记的关联分析 Association analysis between ratoon ability and SSR markers in descendant of intergeneric hybrid complex of *Erianthus arundinaceus* × *Saccharum spontaneum*	国家自然科学基金 National Natural Science Foundation of China	31760415	2018-01—2021-12	39	2.56	张保青 Bao-qing Zhang
3	新菠萝灰粉蚧不同地理种群高温胁迫的生殖差异及生理响应机制 The reproductive differences and physiological response mechanism of different geographic population of *Dysmicoccus neobrevipes* Beardsley under high temperature stress	国家自然科学基金 National Natural Science Foundation of China	31760540	2018-01—2021-12	38	2.49	覃振强 Zhen-qiang Qin
4	转录组动态揭示GA3和PP333影响甘蔗分蘖的分子调控机制 Transcriptomic dynamic reveals molecular mechanism of GA3 and PP333 regulating tillering in sugarcane	国家自然科学基金 National Natural Science Foundation of China	31701363	2018-01—2020-12	23	1.51	丘立杭 Li-hang Qiu
5	甘蔗优良新品种选育及推广 Breeding and extension of new elite sugarcane varieties	广西科技计划项目 Guangxi R & D Program	桂科AA17202042	2017-09—2020-12	1 400	0	谭宏伟 Hong-wei Tan

（续）

序号 NO.	项目名称 Title	项目来源 Source	合同编号 Contract Number	起止时间 Period	立项经费（万元） Total Fund	当年到位经费（万元） Fund for 2018	主持人 PI
6	高通量甘蔗育种技术体系研发 Research and development of a high throughput sugarcane breeding technology system	广西科技计划项目 Guangxi R & D Program	桂科AA17202012	2017-09—2019-12	2 000	500	黄东亮 Dong-liang Huang
7	赤霉素合成关键组分*GA20*、*DELLA*和*GID1*基因调控甘蔗节间伸长的机制研究 Mechanism of *GA20*, *DELLA* and *GID1* Genes, the Key Components of gibberellin synthesis, regulating sugarcane internode elongation	广西自然科学基金 Guangxi Natural Science Foundation	2017GXNSFBA198050	2017-09—2020-09	9	0	陈荣发 Rong-fa Chen
8	甘蔗及其近缘属野生种高固氮基因型筛选及高固氮机制研究 Screening of high nitrogen fixation (HNF) genotypes from sugarcane and its wild species and the mechanism of HNF	广西自然科学基金 Guangxi Natural Science Foundation	2017GXNSFAA198029	2017-09—2020-09	12	0	罗霆 Ting Luo
9	桂糖系列甘蔗品种LTR反转座子的分子标记精准鉴定及评价研究 LTR retrotransposons based molecular marker identification and evaluation of Guitang sugarcane varieties	广西自然科学基金 Guangxi Natural Science Foundation	2017GXNSFAA198032	2017-09—2020-09	8	0	刘俊仙 Jun-xian Liu
10	ABA调控蔗芽应答低温胁迫的作用机制研究 Mechanisms of ABA on sugarcane buds response to low temperature	国家自然科学基金 National NaturalScience Foundation of China	31660356	2017-01—2020-12	39	7.8	黄杏 Xing Huang
11	甘蔗螟虫卵寄生蜂种群动态及其关键影响因子研究 Studies on the population dynamic of egg parasitoids for sugarcane borers and its key factors	国家自然科学基金 National NaturalScience Foundation of China	31660534	2017-01—2020-12	40	8.0	潘雪红 Xue-hong Pan
12	基于RNA-Seq技术解析甘蔗分蘖习性的激素调控机理 Analysis of the mechanism of phytohormone regulating tillering in sugarcane based on RNA-Seq technology	广西自然科学基金 Guangxi Natural Science Foundation	2016GXNSFBA380034	2016-09—2019-08	5	0	丘立杭 Li-hang Qiu

（续）

序号 NO.	项目名称 Title	项目来源 Source	合同编号 Contract Number	起止时间 Period	立项经费（万元） Total Fund	当年到位经费（万元） Fund for 2018	主持人 PI
13	螟黑卵蜂生物学特性、发生动态及对蔗螟自然控制效能研究 Studies on the biological characteristics, population dynamics of Telenomus and its natural control efficiency against sugarcane borer	广西自然科学基金 Guangxi Nature Science Foundation	2016GXNSFBA380125	2016-09—2019-08	5	0	潘雪红 Xue-hong Pan
14	割手密分蘖QTL利用的分子标记辅助选择及遗传分析 Using QTL of tiller for Molecular marker assisted selection and genetic analysis in *Saccharum spontaneum* L.	广西自然科学基金 Guangxi Nature Science Foundation	2016GXNSFBA380225	2016-09—2019-08	5	0	杨翠芳 Cui-fang Yang
15	氮高效甘蔗遗传多样性及其产量性状的关联分析 Genetic diversity and association analysis of nitrogen use efficiency in sugarcane	广西自然科学基金 Guangxi Nature Science Foundation	2016GXNSFBA380138	2016-09—2019-08	5	0	李翔 Xiang Li
16	甘蔗NBS-LRR类抗梢腐病基因的定量表达和功能分析 The quantity expression and function analyze of NBS-LRR genes against pokkah boeng disease in sugarcane	广西自然科学基金 Guangxi Nature Science Foundation	2016GXNSFBA380046	2016-09—2019-08	5	0	王泽平 Ze-ping Wang
17	甘蔗蔗糖合成酶基因（*ScSuSy4*）功能分析 Function of Sucrose Synthase Gene（*ScSuSy4*）from Sugarcane	广西自然科学基金 Guangxi Nature Science Foundation	2016GXNSFBA380168	2016-09—2019-08	5	0	桂意云 Yi-yun Gui
18	机械收获条件下宿根甘蔗根系生长发育及理化特性的研究 Study on growing development and physicochemical properties of ratoon cane roots under the condition of mechanical harvesting	广西自然科学基金 Guangxi Nature Science Foundation	2016GXNSFBA380206	2016-09—2019-08	5	0	李毅杰 Yi-jie Li
19	内生固氮菌与甘蔗根系互作的代谢物多样性分析 Metabolite diversity analysis in sugarcane roots inoculated with endophytic diazotroph	广西自然科学基金 Guangxi Nature Science Foundation	2016GXNSFAA380126	2016-09—2019-08	5	0	李长宁 Chang-ning Li
20	基于GBS技术的甘蔗SNP开发及其在图谱构建和遗传分析中的应用 Development of SNP markers using Genotyping-By-Sequencing (GBS) for mapping and genetic analysis in sugarcane	广西自然科学基金 Guangxi Nature Science Foundation	2016GXNSFAA380010	2016-09—2019-08	5	0	高轶静 Yi-jing Gao

（续）

序号 NO.	项目名称 Title	项目来源 Source	合同编号 Contract Number	起止时间 Period	立项经费（万元） Total Fund	当年到位经费（万元） Fund for 2018	主持人 PI
21	氮化肥减量有机培肥对甘蔗氮代谢及产量、品质的影响 Effects on nitrogenous metabolism, yield and quality of sugarcane by reducing nitrogen fertilization meanwhile increasing investment of organic fertilizer	广西自然科学基金 Guangxi Nature Science Foundation	2016GXNSFAA380020	2016-09—2019-08	5	0	谢金兰 Jin-lan Xue
22	含河八王血缘的甘蔗抗病新种质创制及其分子细胞遗传学基础研究 Studies on the establishment and molecular cytogenetics of new sugarcane germplasm resistant to diseases with *Narenga* related	广西科技计划项目 Guangxi R & D Program	桂科 AB16380157	2016-09—2019-12	80	0	段维兴 Wei-xing Duan
23	斑割复合体利用适宜回交世代分子遗传学基础及多抗优良亲本创新 Analysis of the molecular genetics of the appropriate backcross progenis of *arundinaceus-spontaneun* complex and creation of elite breeding parents	广西科技计划项目 Guangxi R & D Program	桂科 AB16380126	2016-09—2019-12	80	0	张革民 Ge-min Zhang
24	适合机收的“双高”甘蔗新品种高效栽培关键技术研究与示范 Studies on key cultivation technologies of high benefits and their demonstrations with the “double - high” new sugarcane varieties suitable for mechanical harvest	广西科技计划项目 Guangxi R & D Program	桂科 AB16380177	2016-09—2019-12	80	0	王伦旺 Lun-wang Wang
25	广西丘陵地带甘蔗精量灌溉关键技术研究、集成示范及推广应用 Researches on the key technologies of sugarcane precision irrigation and their integrated demonstration and application in hilly region of Guangxi province	广西科技计划项目 Guangxi R & D Program	桂科 AB16380258	2016-09—2019-12	150		李鸣 Ming Li
26	不同基因型甘蔗与慢生根瘤菌BSA6的联合固氮作用 Association nitrogen fixation between different sugarcane genotypes and *Bradyrhizobium* sp. BSA6	国家自然科学基金 Natural Science Foundation of China	31560369	2016-01—2018-12	48	0	林丽 Li Lin

（续）

序号 NO.	项目名称 Title	项目来源 Source	合同编号 Contract Number	起止时间 Period	立项经费（万元） Total Fund	当年到位经费（万元） Fund for 2018	主持人 PI
27	用转录组学和蛋白质组学关联解析甘蔗蔗糖积累的分子调控机制 Integrative transcriptomics and proteomics analysis reveal the molecular mechanisms regulating sucrose accumulation in sugarcane	国家自然科学基金 Natural Science Foundation of China	31560415	2016-01—2018-12	46.8	0	黄东亮 Dong-liang Huang
28	秸秆生物炭对甘蔗氮素吸收利用的影响及其机制研究 Mechanism and effect of straw biochar application on sugarcane nitrogen uptake and utilization	国家自然科学基金 Natural Science Foundation of China	31560353	2016-01—2018-12	48	0	杨柳 Liu Yang
29	高代培养下甘蔗茎尖脱毒苗及其后代LTR反转座子的遗传及表现遗传变异研究 Genetic and epigenetic variation of LTR retrotransposons in the high cultured stem tip virus-free seeding of sugarcane and their offspring	国家自然科学基金 Natural Science Foundation of China	31501362	2016-01—2018-12	20.4	0	刘俊仙 Jun-xian Liu
30	国家糖料产业技术体系建设 Construction of national sugarcane industry and technology system	农业农村部 Ministry of Agriculture and Rural Affairs	CARS-170206	2017-01—2020-12	280	70	谭宏伟 Hong-wei Tan
31	国家糖料产业技术体系建设 Construction of national sugarcane industry and technology system	农业农村部 Ministry of Agriculture and Rural Affairs	CARS-170105	2017-01—2020-12	280	70	杨荣仲 Rong-zhong Yang
32	国家糖料产业技术体系建设 Construction of national sugarcane industry and technology system	农业农村部 Ministry of Agriculture and Rural Affairs	CARS-170305	2017-01—2020-12	280	70	黄诚华 Cheng-hua Huang
33	国家现代农业产业技术体系建设 Technology system construction of the national modern agricultural industry	广西人民政府 The People's Government of Guangxi	nycytxgxcxtd-03-01	2016-01—2020-12	200	40	李杨瑞 Yang-rui Li
34	国家现代农业产业技术体系建设 Technology system construction of the national modern agricultural industry	广西人民政府 The People's Government of Guangxi	nycytxgxcxtd-03-02	2016-01—2020-12	125	25	谭宏伟 Hong-wei Tan

（续）

序号 NO.	项目名称 Title	项目来源 Source	合同编号 Contract Number	起止时间 Period	立项经费（万元） Total Fund	当年到位经费（万元） Fund for 2018	主持人 PI
35	国家现代农业产业技术体系建设 Technology system construction of the national modern agricultural industry	广西人民政府 The People's Government of Guangxi	nycytxgxcxtd-03-03	2016-01—2020-12	125	25	覃振强 Zhen-qiang Qin
36	内生固氮菌与甘蔗联合固氮的效率及机理研究 Efficiency and mechanism of endogenous nitrogen fixation between nitrogen-fixing bacteria and sugarcane	广西自然科学基金 Guangxi Natural Science Foundation	2015GXNSFBA139074	2015-09—2018-08	5	0	林丽 Li Lin
37	广西甘蔗梢腐病镰刀菌种群及遗传多样性分析 Genetic diversity and population of Fusarium causing sugarcane pokkah boeng in Guangxi	广西自然科学基金 Guangxi Natural Science Foundation	2015GXNSFAA139051	2015-09—2018-08	5	0	林善海 Shan-hai Lin
38	甘蔗与梢腐病病菌互作后基因差异表达分析 Analysis of the differentially expressed genes in sugarcane after interacting with pokkah boeng	广西自然科学基金 Guangxi Natural Science Foundation	2015GXNSFBA139087	2015-09—2018-08	5	0	韦金菊 Jin-ju Wei
39	甘蔗分蘖形成的生理及分子生物学基础研究 Physiological and molecular biological research on tiller formation of sugarcane	广西自然科学基金 Guangxi Natural Science Foundation	2015GXNSFDA139011	2015-09—2019-08	30	0	吴建明 Jian-ming Wu
40	甘蔗在乙烯利诱导下的miRNA高通量测序及其调控研究 High-throughput sequencing of miRNA and its regulation induced by ethephon in sugarcane	广西自然科学基金 Guangxi Natural Science Foundation	2015GXNSFBA139095	2015-09—2018-08	5	0	陈忠良 Zhong-liang Chen
41	甘蔗幼苗抵御黑穗病菌入侵过程中光呼吸途径起关键作用？ Does photorespiration pathways play a key role in the resistant process of smut fungus invading sugarcane seedling?	广西自然科学基金 Guangxi Natural Science Foundation	2015GXNSFBA139060	2015-09—2018-08	5	0	宋修鹏 Xiu-peng Song
42	突背蔗犀金龟发生规律与环境因子相关性研究 Study on correlation between occurrence of *Alissonotum impressicolle Arrow* and environmental factors	广西自然科学基金 Guangxi Natural Science Foundation	2015GXNSFBA139090	2015-09—2018-08	5	0	商显坤 Xian-kun Shang
合计	42项	—	—	—			—

1.2 2018年承担其他委托项目 Other Projects Ongoing in 2018

2018年获立项其他委托项目13项，累计经费230万元，且当年到位经费93万元（表3）。

In 2018, 13 projects of the Fundamental Research Fund of Guangxi Academy of Agricultural Science were approved, with the fund of 2.30 million yuan, and the fund in place was 0.93 million yuan in the current year (Table 3).

表3　2018年新增承担其他委托科研项目一览表

Table 3　Projects funded by Guangxi Academy of Agricultural Sciences in 2018

序号 NO.	项目名称 Title	项目来源 Source	合同编号 Contract Number	起止时间 Period	立项经费（万元）Total Fund	当年到位经费（万元）Fund for 2018	主持人 PI
1	甘蔗生理生化调控技术研究 Research on physiological and biochemical regulation technology in sugarcane	广西农业科学院 Guangxi academy of agricultural science	桂农科 2018YT01	2018-01—2020-12	30	10	吴建明 Jian-ming Wu
2	甘蔗抗逆育种与生物学研究 Study on tolerance breeding and its biology in sugarcane	广西农业科学院 Guangxi academy of agricultural science	桂农科 2018YT02	2018-01—2020-12	30	10	刘昔辉 Xi-hui Liu
3	甘蔗生物固氮研究 Study on biological Nitrogen fixation in sugarcane	广西农业科学院 Guangxi academy of agricultural science	桂农科 2018YT03	2018-01—2020-12	30	10	林丽 Li Lin
4	甘蔗抗病育种研究 Research on disease resistance breeding in sugarcane	广西农业科学院 Guangxi academy of agricultural science	桂农科 2018YT04	2018-01—2020-12	30	10	林善海 Shan-hai Lin
5	甘蔗育种及新快繁技术 Breeding and its new rapid propagation techniques in sugarcane	广西农业科学院 Guangxi academy of agricultural science	桂农科 2018YT05	2018-01—2020-12	30	10	何为中 Wei-zhong He
6	青年拔尖人才资助项目 Project of top young talent improvement	广西农业科学院 Guangxi academy of agricultural science	桂农科 2018YM01	2018-01—2019-12	10	4	刘昔辉 Xi-hui Liu

（续）

序号 NO.	项目名称 Title	项目来源 Source	合同编号 Contract Number	起止时间 Period	立项经费（万元）Total Fund	当年到位经费（万元）Fund for 2018	主持人 PI
7	青年拔尖人才资助项目 Project of top young talent improvement	广西农业科学院 Guangxi academy of agricultural science	桂农科 2018YM02	2018-01—2019-12	10	4	吴建明 Jian-ming Wu
8	构建基于GIS广西土壤环境质量检测评价信息系统的关键技术研究 Research on key technology construction of the evaluation information system based on GIS for soil environmental quality in Guangxi Province	广西农业科学院 Guangxi academy of agricultural science	桂农科 2018ZJ13	2018-01—2018-12	10	10	谭宏伟 Hong-wei Tan
9	转录组动态揭示GA_3和PP_{333}影响甘蔗分蘖的分子调控机制 Transcriptomic dynamic reveals molecular mechanism of GA_3 and PP_{333} regulating tillering in sugarcane	广西农业科学院 Guangxi academy of agricultural science	桂农科 2018ZJ14	2018-01—2020-12	10	5	丘立杭 Li-hang Qiu
10	斑茅割手密复合体后代宿根性与SSR标记的关联分析 Association analysis between ratoon ability and SSR markers in descendant of intergeneric hybrid complex of *Erianthus arundinaceus* × *Saccharum spontaneum*	广西农业科学院 Guangxi academy of agricultural science	桂农科 2018ZJ16	2018-01—2021-12	10	5	张保青 Bao-qing Zhang
11	新菠萝灰粉蚧不同地理种群高温胁迫的生殖差异及生理响应机制 The reproductive differences and physiological response mechanism of different geographic population of *Dysmicoccus neobrevipes* Beardsley under high temperature stress	广西农业科学院 Guangxi academy of agricultural science	桂农科 2018ZJ17	2018-01—2021-12	10	5	覃振强 Zhen-qiang Qin
12	甘蔗宿根矮化病罹病株根际微生物群落结构重建及拮抗菌的鉴定与利用研究 Study on re-construction of soil microbial community structure in rhizosphere of sugarcane infected ratoon stunting disease (RSD) and identification, utilization of its antagonistic microbes	广西农业科学院 Guangxi academy of agricultural science	桂农科 2018ZJ15	2018-01—2021-12	10	5	谭宏伟 Hong-wei Tan
13	甘蔗新品种白条病的抗性评价 Resistant evaluation of *Xanthomonas albilineans* for new sugarcane varieties	广西农业科学院 Guangxi academy of agricultural science	桂农科 2018ZJ31	2018-01—2019-12	10	5	魏春燕 Chun-yan Wei
合计	13项	—	—	—	230	93	—

2018年省部级以下项目在研项目共7项（表4）。

In 2018, 7 projects from Guangxi Academy of Agricultural Sciences were undertaking (Table 4).

表4　2018年承担其他委托在研项目一览表

Table 4　Ongoing projects funded by Guangxi Academy of Agricultural Sciences in 2018

序号 NO.	项目名称 Title	项目来源 Source	合同编号 Contract Number	起止时间 Period	立项经费（万元）Total Fund	当年到位经费（万元）Fund for 2018	主持人 PI
1	高产、高糖、抗逆强甘蔗新品种选育 Breeding of new sugarcane varieties with high yield, high sugar and stress resistance	广西农业科学院 Guangxi academy of agricultural science	2015YT01	2015-01—2020-12	180	30	杨荣仲 Rong-zhong Yang
2	甘蔗简化栽培新技术研究 Research on the new simplified cultural techniques for sugarcane	广西农业科学院 Guangxi academy of agricultural science	2015YT02	2015-01—2020-12	120	20	李杨瑞 Yang-rui Li
3	甘蔗功能基因组研究 Research on functional genomics in sugarcane	广西农业科学院 Guangxi academy of agricultural science	2015YT03	2015-01—2020-12	120	10	黄东亮 Dong-liang Huang
4	甘蔗优异野生基因资源发掘利用 Discovery and their utilization of elite genes in the wild germplasms of sugarcane	广西农业科学院 Guangxi academy of agricultural science	2015YT04	2015-01—2020-12	120	20	张革民 Ge-min Zhang
5	甘蔗农机农艺融合关键技术集成研究与示范 Research and demonstration of the key technology combined with agricultural machinery and agronomy	广西农业科学院 Guangxi academy of agricultural science	2015YT05	2015-01—2020-12	60	10	王维赞 Wei-zan Wang
6	甘蔗螟虫及主要病害综防体系关键技术的研究 Study on the key techniques of the comprehensive control systems for sugarcane borers and its main diseases	广西农业科学院 Guangxi academy of agricultural science	2015YT06	2015-01—2020-12	60	10	黄诚华 Cheng-hua Huang
7	甘蔗健康种苗技术创新研究 Research on technology innovation of the sugarcane virus-free seedlings	广西农业科学院 Guangxi academy of agricultural science	2015YT07	2015-01—2020-12	60	10	李松 Song Li
合计	7项	—	—	—	720	110	—

2 成　果

ACHIEVEMENTS

2.1　获奖成果 Awards

2018年获奖成果（表5）。

Awards in 2018 (Table 5).

表5　2018年获奖成果

Table 5　Awards in 2018

序号 No.	获奖成果名称 Title	获奖名称及等级 Award Name and Grade	授奖单位 Granting Organization	获奖人 Winner
1	甘蔗试管苗光合自养生根方法 Sugarcane test tube seedling photosynthetic self-supporting rooting method	广西发明创造成果展览交易会银奖 Silver Award of Guangxi Invention and Creation Exhibition Fair	广西发明创造成功展览交易会 Guangxi Invention and Creation Exhibition Fair	何为中 Wei-zhong He
2	甘蔗种植区土壤酸化时空特征及机理研究与防治技术应用 Research on the temporal and spatial characteristics and mechanism of soil acidification in sugarcane planting area and the application of control technology	中国轻工业联合会科学技术进步奖三等奖 Third Prize of Science and Technology Progress Award	中国轻工业联合会 China Light Industry Federation	谭宏伟，周柳强，杨尚东，刘永贤，谢如林，黄金生，何天春，区惠平，熊柳梅，朱晓晖，曾艳，胡光威 Hong-wei Tan, Liu-qiang Zhou, Shang-dong Yang, Yong-xian Liu, Ru-lin Xie, Jin-sheng Huang, Tian-chun He, Hui-ping Ou, Liu-mei Xiong, Xiao-hui Zhu, Yan Zeng, Guang-wei Hu
3	Sugarcane agriculture and sugar industry in China	Best Citation Award（论文最佳引用奖）	斯普林格自然出版集团-糖业研究与促进协会 Springer Nature-SSRP	李杨瑞，杨丽涛 Yang-rui Li*, Li-tao Yang*
4	Effects of exogenous abscisic acid on cell membrane and endogenous hormone contents in leaves of sugarcane seedlings under cold stress	Best Citation Award（论文最佳引用奖）	斯普林格自然出版集团-糖业研究与促进协会 Springer Nature-SSRP	黄杏，陈明辉，杨丽涛*，李杨瑞*，吴建明 Xing Huang, Ming-hui Chen, Li-tao Yang*, Yang-rui Li*, Jian-ming Wu

（续）

序号 No.	获奖成果名称 Title	获奖名称及等级 Award Name and Grade	授奖单位 Granting Organization	获奖人 Winner
5	李杨瑞 Yang-Rui Li	糖业研究与发展杰出领袖奖 TSSCT Leadership Excellent Award	泰国甘蔗学会 Tailand Society of Sugar Cane Technologists	李杨瑞 Yang-rui Li
6	Nitrogen fixation efficiency of sugarcane and its related genera analysed with ^{15}N natural abundance method	IAPSIT-2008最佳墙报论文三等奖 Third Prize of Best Poster Presentation Award for IAPSIT-2008	国际糖业科技协会 International Association of Professionals in Sugar and Integrated Technologies	罗霆，林善海，李长宁，李毅杰，梁强，王维赞，周忠凤，李杨瑞* Ting Luo, Shan-hai Lin, Chang-ning Li, Yi-jie Li, Qiang Liang, Wei-zan Wang, Zhong-feng Zhou, Yang-rui Li*

2.2 专利 Patents

2.2.1 申请专利 Application of Patents

2018年申请专利（表6）。

Application of patents in 2018 (Table 6).

表6 2018年申请专利

Table 6 Application of patents in 2018

序号 No.	专利名称 Patent Title	申请时间 Application Time	申请号 Application No.	专利类型 Patent Type	发明人 Inventor
1	一种提高甘蔗试管苗存活率的叶面喷施液 Foliar spray solution for improving survival rate of sugarcane test-tube seedlings	2018-06-15	201810616528X	发明专利 Invention	何为中，刘丽敏，刘红坚，梁阗，翁梦苓，李傲梅 Wei-zhong He, Li-min Liu, Hong-jian Liu, Tian Liang, Meng-ling Weng, Ao-mei Li
2	一种甘蔗试管苗育苗营养土及制备方法和应用 A sugarcane test-tube seedling nursery nutrient soil, its preparation method and application	2018-08-29	201810996927.3	发明专利 Invention	何为中，刘丽敏，梁阗，刘红坚，翁梦苓，李傲梅 Wei-zhong He, Li-min Liu, Tian Liang,Hong-jian Liu, Meng-ling Weng, Ao-mei Li
3	一种甘蔗试管苗叶面喷施液及配置方法 A foliar spraying solution for sugarcane test-tube seedling and its preparation method	2018-08-28	201810990178.3	发明专利 Invention	刘丽敏，何为中，梁阗，刘红坚，翁梦苓 Li-min Liu, Wei-zhong He, Tian Liang, Hong-jian Liu, Meng-ling Weng
4	一种甘蔗田间加气装置及水肥一体化栽培甘蔗的方法 A sugarcane field aeration device and water-fertilizer integrated cultivation method of sugarcane	2018-05-13	201810415967.4	发明专利 Invention	李毅杰，余坤兴，李果果 Yi-jie Li, Kun-xing Yu, Guo-guo Li
5	一种能够有效促进甘蔗分蘖的种植方法 A planting method capable of effectively promoting sugarcane tillering	2018-01-10	201810023963.1	发明专利 Invention	范业赓，陈荣发，丘立杭，黄杏，吴建明，张荣华，雷敬超，杨柳，李杨瑞，甘崇琨 Ye-geng Fan, Rong-fa Chen, Li-hang Qiu, Xing Huang, Jian-ming Wu, Rong-hua Zhang, Jing-chao Lei, Liu Yang, Yang-rui Li, Chong-kun Gan
6	一种甘蔗减种减药并促进甘蔗分蘖抗病虫的栽培方法 A cultivation method of sugarcane seed reduction and medicine reduction and promotion of sugarcane tillering and resistance to diseases and insects	2018-01-10	201810023988.1	发明专利 Invention	吴建明，范业赓，丘立杭，黄杏，陈荣发，张荣华，雷敬超，杨柳，李杨瑞，甘崇琨 Jian-ming Wu, Ye-geng Fan, Li-hang Qiu, Xing Huang, Rong-fa Chen, Rong-hua Zhang, Jing-chao Lei, Liu Yang, Yang-rui Li, Chong-kun Gan
7	一种两年三收的甘蔗轮作栽培方法 A sugarcane rotation cultivation method with three crops harvested every two years	2018-07-19	201810799611.5	发明专利 Invention	吴建明，甘崇琨，范业赓，丘立杭，陈荣发，黄杏，周慧文，卢星高，李杨瑞，罗亚伟，梁阗 Jian-ming Wu, Chong-kun Gan, Ye-geng Fan, Li-hang Qiu, Rong-fa Chen, Xing Huang, Hui-wen Zhou, Xing-gao Lu, Yang-rui Li, Ya-wei Luo, Tian Liang

（续）

序号 No.	专利名称 Patent Title	申请时间 Application Time	申请号 Application No.	专利类型 Patent Type	发明人 Inventor
8	一种甘蔗健康种苗田间加倍繁育的方法 Method for doubling propagation of sugarcane virus-free seedlings in the field	2018-10-15	201811196846.1	发明专利 Invention	吴建明，范业赓，丘立杭，陈荣发，黄杏，周慧文，卢星高，甘崇琨，翁梦苓，杨柳，张荣华 Jian-ming Wu, Ye-geng Fan, Li-hang Qiu, Rong-fa Chen, Xing Huang, Hui-wen Zhou, Xing-gao Lu, Chong-kun Gan, Meng-ling Weng, Liu Yang, Rong-hua Zhang
9	一种应用硅药肥防治甘蔗苗期螟虫的方法 A method for preventing and controlling stem borer in sugarcane seedling stage by applying silicon chemical fertilizer	2018-08-21	201810952855.2	发明专利 Invention	覃振强，罗亚伟，李德伟，宋修鹏，魏春燕，李杨瑞 Zhen-qiang Qin, Ya-wei Luo, De-wei Li, Xiu-peng Song, Chun-yan Wei, Yang-rui Li
10	一种用于组织培养瓶的清洗装置 A device for cleaning tissue culture bottles	2018-07-03	2018 1 0720735.X	实用新型 Utility Model	刘俊仙，熊发前，李松，刘菁，刘丽敏，刘红坚，卢曼曼，丘立杭，吴建明，何为中，何毅波，张伟珍 Juan-xian Liu, Fa-qian Xiong, Song Li, Jing Liu, Li-min Liu, Hong-jian Liu, Man-man Lu, Li-hang Qiu, Jian-ming Wu, Wei-zhong He, Yi-bo He, Wei-zhen Zhang
11	一种用于组织培养瓶的自动清洗及烘干装置 A device for automatically cleaning and drying tissue culture bottles	2018-07-03	2018 1 0717727.X	实用新型 Utility Model	刘俊仙，熊发前，李松，刘菁，刘红坚，刘丽敏，吴建明，丘立杭，何为中，卢曼曼，张伟珍，何毅波 Juan-xian Liu, Fa-qian Xiong, Song Li, Jing Liu, Hong-jian Liu, Li-min Liu, Jian-ming Wu, Li-hang Qiu, Wei-zhong He, Man-man Lu, Wei-zhen Zhang,Yi-bo He
12	一种用于组织培养瓶的超声波清洗装置 An ultrasonic cleaning device for tissue culture bottles	2018-07-03	2018 2 1042904.0	实用新型 Utility Model	刘俊仙，李松，熊发前，刘菁，刘丽敏，刘红坚，卢曼曼，何为中，吴建明，丘立杭，何毅波，张伟珍 Juan-xian Liu, Song Li, Fa-qian Xiong, Jing Liu, Li-min Liu, Hong-jian Liu, Man-man Lu, Wei-zhong He, Jian-ming Wu, Li-hang Qiu, Yi-bo He, Wei-zhen Zhang
13	一种植物组织培养瓶的自动清洗烘干一体装置 An integrated device for automatically cleaning and drying of plant tissue culture bottles	2018-07-03	2018 2 1043524.9	实用新型 Utility Model	刘俊仙，李松，熊发前，刘菁，刘红坚，刘丽敏，丘立杭，何为中，吴建明，卢曼曼，张伟珍，何毅波 Juan-xian Liu, Song Li, Fa-qian Xiong, Jing Liu, Hong-jian Liu, Li-min Liu, Li-hang Qiu, Wei-zhong He, Jian-ming Wu, Man-man Lu, Wei-zhen Zhang, Yi-bo He
14	甘蔗移栽用围棚 A shed for transplanting sugarcane	2018-06-14	2018 2 0925213.9	实用新型 Utility Model	刘丽敏，何为中，梁阗，刘红坚，翁梦苓 Li-min Liu, Wei-zhong He, Tian Liang, Hong-jian Liu, Meng-ling Weng

（续）

序号 No.	专利名称 Patent Title	申请时间 Application Time	申请号 Application No.	专利类型 Patent Type	发明人 Inventor
15	一种甘蔗试管苗叶面喷施液及配置方法 A foliar spray solution and its preparation method	2018-08-28	2018 1 0990178.3	实用新型 Utility Model	刘丽敏，何为中，梁阗，刘红坚，翁梦苓 Li-min Liu, Wei-zhong He, Tian Liang, Hong-jian Liu, Meng-ling Weng
16	花粉干燥装置 A device for pollen drying	2018-03-10	201820325334X	实用新型 Utility Model	段维兴 Wei-xing Duan
17	一种基于滴灌系统的农作物田间加气装置 A field gas filling device for crops based on drip irrigation system	2018-05-03	201820652227.8	实用新型 Utility Model	李毅杰，余坤兴，李果果，林善海，王泽平，梁强，谢金兰，刘晓燕，李长宁，李松，王维赞，李杨瑞 Yi-jie Li, Kun-xing Yu, Guo-guo Li, Shan-hai Lin, Ze-ping Wang, Qiang Liang, Jin-lan Xie, Xiao-yan Liu, Chang-ning Li, Song Li, Wei-zan Wang, Yang-rui Li
18	一种外植体消毒用装置 A device for disinfecting explant	2018-04-26	201820610152.7	实用新型 Utility Model	汪淼，黄东亮，廖芬，秦翠鲜，陈忠良 Miao Wang, Dong-liang Huang, Fen Liao, Cui-xian Qin, Zhong-liang Chen
19	一种超净台用组织培养瓶放置架 A holder for tissue culture bottle in clean bench	2018-04-26	201820610153.1	实用新型 Utility Model	汪淼，黄东亮，廖芬，陈忠良，秦翠鲜 Miao Wang, Dong-liang Huang, Fen Liao, Zhong-liang Chen, Cui-xian Qin
20	一种便携式遮阴棚 A portable shade shed	2018-03-09	201820324177.0	实用新型 Utility Model	丘立杭，吴建明，范业赓，黄杏，陈荣发，刘俊仙，熊发前，罗含敏 Li-hang Qiu, Jian-ming Wu, Ye-geng Fan, Xing Huang, Rong-fa Chen, Jun-xian Liu, Fa-qian Xiong, Han-min Luo
21	一种甘蔗抗倒伏保护支撑架 A support frame for preventing sugarcane lodging	2018-04-13	201820524939.1	实用新型 Utility Model	丘立杭，吴建明，范业赓，罗含敏，黄杏，陈荣发，刘俊仙，熊发前，段维兴，张荣华，杨荣仲 Li-hang Qiu, Jian-ming Wu, Ye-geng Fan, Han-min Luo, Xing Huang, Rong-fa Chen, Jun-xian Liu, Fa-qian Xiong, Wei-xing Duan, Rong-hua Zhang, Rong-zhong Yang
22	一种野外研究甘蔗抗病虫害用的网室装置 A mesh chamber device for field study of sugar cane resistance to pests and diseases	2018-03-09	201820324671.7	实用新型 Utility Model	丘立杭，范业赓，吴建明，罗含敏，黄杏，陈荣发，刘俊仙，熊发前 Li-hang Qiu, Ye-geng Fan, Jian-ming Wu, Han-min Luo, Xing Huang, Rong-fa Chen, Jun-xian Liu, Fa-qian Xiong
23	一种移动式遮阴棚 A mobile shade shed	2018-03-09	201820325228.1	实用新型 Utility Model	罗含敏，丘立杭，吴建明，范业赓，黄杏，陈荣发，刘俊仙，熊发前 Han-min Luo,Li-hang Qiu, Jian-ming Wu, Ye-geng Fan, Xing Huang, Rong-fa Chen, Jun-xian Liu, Fa-qian Xiong

（续）

序号 No.	专利名称 Patent Title	申请时间 Application Time	申请号 Application No.	专利类型 Patent Type	发明人 Inventor
24	一种甘蔗测产用支撑架 A support frame for sugarcane yield measuring	2018-03-09	201820324178.5	实用新型 Utility Model	丘立杭，吴建明，范业赓，黄杏，陈荣发，刘俊仙，熊发前，罗含敏 Li-hang Qiu, Jian-ming Wu, Ye-geng Fan, Xing Huang, Rong-fa Chen, Jun-xian Liu, Fa-qian Xiong, Han-min Luo
25	一种土层样品采集装置 A soil sample collection device	2018-10-23	201821722314.2	实用新型 Utility Model	张荣华，桂意云，刘昔辉，张小秋，李海碧，廖芬，林丽，周会，韦金菊，李杨瑞，黄东亮，陈忠良 Rong-hua Zhang, Yi-yun Gui, Xi-hui Liu, Xiao-qiu Zhang, Hai-bi Li, Fen Liao, Li Lin, Hui Zhou, Jin-ju Wei, Yang-rui Li, Dong-liang Huang, Zhong-liang Chen
26	一种适于室外甘蔗抗旱试验的挡雨罩 A rain shield suitable for outdoor sugarcane drought-resistant test	2018-10-23	201821722289.8	实用新型 Utility Model	桂意云，张荣华，刘昔辉，吴建明，陈忠良，廖芬，刘晓燕，林丽，周会，李杨瑞 Yi-yun Gui, Rong-hua Zhang, Xi-hui Liu, Jian-ming Wu, Zhong-liang Chen, Fen Liao, Xiao-yan Liu, Li Lin, Hui Zhou, Yang-rui Li
27	一种热成像拍照装置 A thermal imaging camera	2018-11-01	201821793155.5	实用新型 Utility Model	刘昔辉，桂意云，李海碧，张荣华，韦金菊，张小秋，周会，杨荣仲，李杨瑞，黄东亮 Xi-hui Liu, Yi-yun Gui, Hai-bi Li, Rong-hua Zhang, Jin-ju Wei, Xiao-qiu Zhang, Hui Zhou, Rong-zhong Yang, Yang-rui Li, Dong-liang Huang
28	一种硬秆作物剪断装置 A hard stalk crop cutting device	2018-10-23	201821722792.3	实用新型 Utility Model	李海碧，刘昔辉，张荣华，张小秋，桂意云，陈忠良，周会，韦金菊，李杨瑞，黄东亮 Hai-bi Li, Xi-hui Liu, Rong-hua Zhang, Xiao-qiu Zhang, Yi-yun Gui, Zhong-liang Chen, Hui Zhou, Jin-ju Wei, Yang-rui Li, Dong-liang Huang
29	一种多功能刀具 A versatile tool	2018-10-23	201821723703.7	实用新型 Utility Model	张荣华，韦金菊，张小秋，宋修鹏，刘昔辉，李海碧，桂意云，周会，李杨瑞，刘丽敏 Rong-hua Zhang, Jin-ju Wei, Xiao-qiu Zhang, Xiu-peng Song, Xi-hui Liu, Hai-bi Li, Yi-yun Gui, Hui Zhou, Yang-rui Li, Li-min Liu
30	一种甘蔗切割装置 A sugarcane cutting device	2018-04-11	201810318745.0	实用新型 Utility Model	李翔，梁强，李毅杰，林善海，杨荣仲，黄曲燕，周忠凤，黄海荣 Xiang Li, Qiang Liang, Yi-jie Li, Shan-hai Lin, Rong-zhong Yang, Qu-yan Huang, Zhong-feng Zhou, Hai-rong Huang

（续）

序号 No.	专利名称 Patent Title	申请时间 Application Time	申请号 Application No.	专利类型 Patent Type	发明人 Inventor
31	甘蔗收割刀 Sugarcane harvester	2018-03-21	201820384846.3	实用新型 Utility Model	李翔，黄曲燕，黄海荣，梁强，李毅杰，林善海 Xiang Li, Qu-yan Huang, Hai-rong Huang, Qiang Liang, Yi-jie Li, Shan-hai Lin
32	一种甘蔗倒伏角度测量机构 A device for measuring lodging angle of sugarcane	2018-03-21	201820387414.8	实用新型 Utility Model	李翔，梁强，李毅杰，林善海，黄曲燕，黄海荣 Xiang Li, Qiang Liang, Yi-jie Li, Shan-hai Lin, Qu-yan Huang, Hai-rong Huang
33	一种甘蔗取汁器 A device for sampling sugarcane juice	2018-05-21	201820751576.5	实用新型 Utility Model	李翔，雷敬超，黄曲燕，李毅杰，梁强，林善海 Xiang Li, Jing-chao Lei, Qu-yan Huang, Yi-jie Li, Qiang Liang, Shan-hai Lin
34	一种定量刺伤并接种菌液的接种器 A quantitative stab wound inoculator for bacteria solution	2018-10-23	201821721976.8	实用新型 Utility Model	韦金菊，宋修鹏，张小秋，魏春燕，覃振强，颜梅新，刘昔辉，张荣华，桂意云，李海碧，周会 Jin-ju Wei, Xiu-eng Song, Xiao-qiu Zhang, Chun-yan Wei Zhen-qiang Qin, Mei-xin Yan, Xi-hui Liu, Rong-hua Zhang, Yi-yun Gui, Hai-bi Li, Hui Zhou
35	一种甘蔗砍种及收集装置 A sugarcane cutting and collection device	2018-10-23	201821722621.0	实用新型 Utility Model	刘昔辉，张荣华，张小秋，桂意云，李海碧，魏春燕，周会，韦金菊，李杨瑞，黄东亮，陈忠良 Xi-hui Liu, Rong-hua Zhang, Xiao-qiu Zhang, Yi-yun Gui, Hai-bi Li, Chun-yan Wei, Hui Zhou, Jin-ju Wei, Yang-rui Li, Dong-liang Huang, Zhong-liang Chen
36	一种滚压式甘蔗取汁装置 A rolling device for sampling sugarcane juice	2018-10-23	201821723896.6	实用新型 Utility Model	韦金菊，张荣华，李海碧，桂意云，周会，刘昔辉，李杨瑞，宋修鹏，黄东亮，张小秋，颜梅新，覃振强 Jin-ju Wei, Rong-hua Zhang, Hai-bi Li, Yi-yun Gui, Hui Zhou, Xi-hui Liu, Yang-rui Li, Xiu-peng Song, Dong-liang Huang, Xiao-qiu Zhang, Mei-xin Yan, Zhen-qiang Qin
37	一种接种黑穗孢子菌液的针 A needle for inoculating spore liquid of *Sporisorium scitamineum*	2018-10-23	201821720733.2	实用新型 Utility Model	韦金菊，宋修鹏，张小秋，魏春燕，覃振强，颜梅新，刘昔辉，张荣华，桂意云，李海碧，周会，李杨瑞 Jin-ju Wei, Xiu-peng Song, Xiao-qiu Zhang, Chun-yan Wei, Zhen-qiang Qin , Mei-xin Yan, Xi-hui Liu, Rong-hua Zhang, Yi-yun Gui, Hai-bi Li, Hui Zhou, Yang-rui Li

（续）

序号 No.	专利名称 Patent Title	申请时间 Application Time	申请号 Application No.	专利类型 Patent Type	发明人 Inventor
38	一种螺旋挤压式甘蔗取汁装置 A spiral squeezecane juicer	2018-10-23	201821720470.5	实用新型 Utility Model	韦金菊，李海碧，张小秋，张荣华，桂意云，李杨瑞，王维赞，覃振强，宋修鹏，周会 Jin-ju Wei, Hai-bi Li, Xiao-qiu Zhang, Rong-hua Zhang, Yi-yun Gui, Yang-rui Li, Wei-zan Wang, Zhen-qiang Qin, Xiu-peng Song, Hui Zhou,
39	一种收集锈病孢子粉的收集器 A collector for rust spores	2018-10-23	201821721758.4	实用新型 Utility Model	韦金菊，周会，宋修鹏，张小秋，魏春燕，覃振强，颜梅新，刘昔辉，张荣华，桂意云，李海碧，李杨瑞 Jin-ju Wei, Hui Zhou, Xiu-peng Song, Xiao-qiu Zhang, Chun-yan Wei, Zhen-qiang Qin, Mei-xin Yan, Xi-hui Liu, Rong-hua Zhang, Yi-yun Gui, Hai-bi Li, Yang-rui Li
40	一种甘蔗黑穗孢子粉收集器 A collector for sugarcane smut spore	2018-10-23	201821723654.7	实用新型 Utility Model	韦金菊，宋修鹏，张小秋，魏春燕，覃振强，颜梅新，刘昔辉，张荣华，桂意云，李海碧，李杨瑞 Jin-ju Wei, Xiu-peng Song, Xiao-qiu Zhang, Chun-yan Wei, Zhen-qiang Qin, Mei-xin Yan, Xi-hui Liu, Rong-hua Zhang, Yi-yun Gui, Hai-bi Li, Yang-rui Li
41	甘蔗螟虫卵块保存装置 A device for storing sugarcane borer eggs	2018-01-31	201810096912.1	实用新型 Utility Model	魏吉利，黄诚华，商显坤，潘雪红，林善海 Ji-li Wei, Cheng-hua Huang, Xian-kun Shang, Xue-hong Pan, Shan-hai Lin
42	甘蔗螟虫雌雄配对产卵装置 A sugarcane male and female borer pairing, as well as spawning device	2018-01-31	201820170548.4	实用新型 Utility Model	魏吉利，黄诚华，潘雪红，商显坤，林善海 Ji-li Wei, Cheng-hua Huang, Xue-hong Pan, Xian-kun Shang, Shan-hai Lin
43	一种用于卵寄生蜂的试验装置 A test device for egg parasitoid	2018-01-15	ZL201820057838.8	实用新型 Utility Model	潘雪红，黄诚华，商显坤，魏吉利，林善海 Xue-hong Pan, Cheng-hua Huang, Xian-kun Shang, Ji-li Wei, Shan-hai Lin
44	一种精准喷药车 A precision pesticide spraying truck	2018-02-11	ZL201820240881.8	实用新型 Utility Model	潘雪红，辛德育 Xue-hong Pan, De-yu Xin
45	一种用于观察地下害虫在土壤中活动规律的装置 A device used to observe the movement laws of underground pests in the soil	2018-01-09	ZL201810051312.3	实用新型 Utility Model	商显坤，黄诚华，潘雪红，魏吉利，林善海 Xian-kun Shang, Cheng-hua Huang, Xue-hong Pan, Ji-li Wei, Shan-hai Lin

2.2.2 授权专利 Authorized Patents

2018年获授权专利（表7）。

Patents authorized in 2018 (Table 7).

表7　2018年获授权专利

Table 7　Patents authorized in 2018

序号 No.	专利名称 Patent Title	申请时间 Application Time	授权时间 Authorized Date	专利号 Patent No.	专利类型 Patent Type	发明人 Inventor
1	提高甘蔗试管苗光合自养生根效率的生长促进液及方法 The liguid and method for improving the efficiency of photoautotrophic rooting of sugarcane test-tube seedlings	2015-05-26	2018-06-22	ZL201510273010.7	发明专利 Invention	何为中 Wei-zhong He
2	河八王的一种DNA指纹图谱及其获取方法及专用引物 A DNA fingerprinting of *Narenga porphyrocoma*, its obtaining method and special primers	2015-11-01	2018-06-26	ZL201510415576.9	发明专利 Invention	刘昔辉，李杨瑞，区惠平，张荣华，周会，张革民，杨丽涛，宋焕忠，杨柳，李长宁，张保青，宋修鹏 Xi-hui Liu, Yang-rui Li, Hui-ping Ou, Rong-hua Zhang, Hui Zhou, Ge-min Zhang, Li-tao Yang, Huan-zhong Song, Liu Yang, Chang-ning Li,Bao-qing Zhang, Xiu-peng Song
3	一种旋转式甘蔗破垄松蔸机 A rotating machine for ridge breaking and root soil loosing of sugarcane	2016-03-18	2018-07-10	ZL201610155567.5	发明专利 Invention	许树宁 Shu-ning Xu
4	一种开放式培养甘蔗组培苗的方法 A method for open culture of sugarcane tissue culture seedlings	2016-10-21	2018-08-31	ZL201610696644.8	发明专利 Invention	李松，刘红坚，刘俊仙，卢曼曼，淡明，余坤兴，刘丽敏，刘欣，何毅波，谭芳，谭宏伟，杨荣仲，王维赞，张伟珍，陈科义 Song Li, Hong-jian Liu, Juan-xian Liu, Man-man Lu, Ming Dan, Kun-xing Yu, Li-min Liu, Xin Liu, Yi-bo He, Fang Tan, Hong-wei Tan, Rong-zhong Yang, Wei-zan Wang, Wei-zhen Zhang, Ke-yi Chen
5	一种适用于多品种甘蔗抗螟性鉴定方法的抗螟虫实验装置 An experimental device for identification of the resistance to borer of sugarcane varieties	2016-12-01	2018-11-12	ZL2018205865054	发明专利 Invention	覃振强，宋修鹏，韦金菊，罗亚伟，魏春燕，李杨瑞，刘璐，李德伟 Zhen-qiang Qin, Xiu-peng Song, Jin-ju Wei, Ya-wei Luo, Chun-yan Wei, Yang-rui Li, Lu Liu, De-wei Li

（续）

序号 No.	专利名称 Patent Title	申请时间 Application Time	授权时间 Authorized Date	专利号 Patent No.	专利类型 Patent Type	发明人 Inventor
6	一种高效可控的精准气动甘蔗种茎切种机 A highly efficient and controlable precision pneumatic sugarcane stem cutting machine	2018-05-04	2018-10-23	201820657753.3	实用新型 Utility Model	王维赞，邓智年，李毅杰，张荣华，庞天，吴凯朝，罗亚伟，刘晓燕，覃文宪 Wei-zan Wang, Zhi-nian Deng, Yi-jie Li, Rong-hua Zhang, Tian Pang, Kai-chao Wu, Ya-wei Luo, Xiao-yan Liu, Wen-xian Qin
7	一种手动精准甘蔗种茎切种机 A manual precision sugarcane stem cutting machine	2018-05-04	2018-10-23	201820657794.2	实用新型 Utility Model	庞天，王维赞，李毅杰，邓智年，吴凯朝，周慧文，张荣华，覃文宪 Tian Pang, Wei-zan Wang, Yi-jie Li , Zhi-nian Deng, Kai-chao Wu, Hui-wen Zhou, Rong-hua Zhang, Wen-xian Qin
8	一种高效可控的精准电动甘蔗种茎切种机 An efficient, controlable and precise electric machine for sugarcane stem cutting	2018-05-04	2018-10-23	201820659347.0	实用新型 Utility Model	张荣华，庞天，邓智年，李毅杰，吴凯朝，王维赞，周慧文，梁阗，覃文宪 Rong-hua Zhang, Tian Pang, Zhi-nian Deng, Yi-jie Li, Kai-chao Wu, Wei-zan Wang, Hui-wen Zhou, Tian Liang, Wen-xian Qin
9	一种单排甘蔗支撑架 A support for single row of sugarcane	2018-01-31	2018-10-16	ZL2018 2 0166032.2	实用新型 Utility Model	刘俊仙，李松，熊发前，余坤兴，刘红坚，吴建明，刘丽敏，卢曼曼，丘立杭，刘欣，何毅波，张伟珍 Jun-xian Liu, Song Li, Fa-qian Xiong, Kun-xing Yu, Hong-jian Liu, Jian-ming Wu, Li-min Liu, Man-man Lu, Li-hang Qiu, Xin Liu, Yi-bo He, Wei-zhen Zhang
10	一种便捷式甘蔗防倒伏架 A portable support for preventing sugarcane lodgeing	2018-01-31	2018-10-16	ZL2018 2 0168587.0	实用新型 Utility Model	刘俊仙，李松，熊发前，刘丽敏，吴建明，刘红坚，卢曼曼，余坤兴，丘立杭，何毅波，张伟珍，刘欣 Jun-xian Liu, Song Li, Fa-qian Xiong, Li-min Liu, Jian-ming Wu, Hong-jian Liu, Man-man Lu, Kun-xing Yu, Li-hang Qiu, Yi-bo He, Wei-zhen Zhang,Xin Liu
11	甘蔗苗培育大棚 Shed for sugarcane seedlings culture	2018-01-31	2018-10-16	ZL201820168608.9	实用新型 Utility Model	刘俊仙，熊发前，李松，吴建明，刘红坚，刘丽敏，丘立杭，卢曼曼，余坤兴，何毅波，刘欣，张伟珍 Jun-xian Liu, Fa-qian Xiong, Song Li, Jian-ming Wu, Hong-jian Liu, Li-min Liu, Li-hang Qiu, Man-man Lu, Kun-xing Yu, Yi-bo He, Xin Liu, Wei-zhen Zhang

（续）

序号 No.	专利名称 Patent Title	申请时间 Application Time	授权时间 Authorized Date	专利号 Patent No.	专利类型 Patent Type	发明人 Inventor
12	一种甘蔗防倒伏支架 A support for preventing sugarcane lodgeing	2018-01-31	2018-10-16	ZL2018 2 0167522.4	实用新型 Utility Model	刘俊仙，熊发前，李松，余坤兴，刘丽敏，刘红坚，吴建明，卢曼曼，张伟珍，丘立杭，刘欣，何毅波 Jun-xian Liu, Fa-qian Xiong, Song Li, Kun-xing Yu, Li-min Liu, Hong-jian Liu, Jian-ming Wu, Man-man Lu, Wei-zhen Zhang, Li-hang Qiu, Xin Liu, Yi-bo He
13	植物栽培装置 Plant cultivation devices	2017-12-31	2018-07-27	CN207653082U	实用新型 Utility Model	段维兴，张保青，王泽平，杨翠芳，高轶静，周珊，黄玉新 Wei-xing Duan, Bao-qing Zhang, Ze-ping Wang, Cui-fang Yang, Yi-jing Gao, Shan Zhou, Yu-xing Huang
14	一种测蒸发量用的支架 A bracket for measuring evaporation	2018-03-28	2018-09-03	201820427540.1	实用新型 Utility Model	李毅杰，余坤兴，梁强，刘晓燕，谢金兰，李长宁，王维赞 Yi-jie Li, Kun-xing Yu, Qiang Liang, Xiao-yan Liu, Jin-lan Xie, Chang-ning Li, Wei-zan Wang
15	一种便携式田间甘蔗打捆装置 A portable field sugarcane packaging device	2018-03-13	2018-09-27	201820339119.5	实用新型 Utility Model	梁强，李毅杰，王泽平，林善海，李翔，李长宁，邓智年，王维赞，李杨瑞 Qiang Liang, Yi-jie Li, Ze-ping Wang, Shan-hai Lin, Xiang Li , Chang-ning Li, Zhi-nian Deng, Wei-zan Wang, Yang-rui Li
16	一种田间捕鼠器 A field mousetrap	2017-05-22	2018-05-29	ZL201720568180.2	实用新型 Utility Model	梁强，李毅杰，李长宁，王泽平，谢金兰，刘晓燕，罗霆 Qiang Liang,Yi-jie Li, Chang-ning Li, Ze-ping Wang, Jin-lan Xie, Xiao-yan Liu, Ting Luo
17	一种便携式遮阴棚 A portable shade shed	2018-03-09	22018-09-03	201820324177.0	实用新型 Utility Model	丘立杭，吴建明，范业赓，黄杏，陈荣发，刘俊仙，熊发前，罗含敏 Li-hang Qiu, Jian-ming Wu, Ye-geng Fan, Xing Huang, Rong-fa Chen, Jun-xian Liu, Fa-qian Xiong, Han-min Luo
18	一种甘蔗抗倒伏保护支撑架 A support bracket for preventing sugarcane lodgeing	2018-04-13	2018-10-09	201820524939.1	实用新型 Utility Model	丘立杭，吴建明，范业赓，罗含敏，黄杏，陈荣发，刘俊仙，熊发前，段维兴，张荣华，杨荣仲 Li-hang Qiu, Jian-ming Wu, Ye-geng Fan, Han-min Luo, Xing Huang, Rong-fa Chen, Jun-xian Liu, Fa-qian Xiong, Wei-xian Duan, Rong-hua Zhang, Rong-zhong Yang

（续）

序号 No.	专利名称 Patent Title	申请时间 Application Time	授权时间 Authorized Date	专利号 Patent No.	专利类型 Patent Type	发明人 Inventor
19	一种野外研究甘蔗抗病虫害用的网室装置 A mesh chamber device for field study of sugarcane resistance to pests and diseases	2018-03-09	2018-09-03	201820324671.7	实用新型 Utility Model	丘立杭，范业赓，吴建明，罗含敏，黄杏，陈荣发，刘俊仙，熊发前 Li-hang Qiu, Ye-geng Fan, Jian-ming Wu, Han-min Luo, Xing Huang, Rong-fa Chen, Jun-xian Liu, Fa-qian Xiong
20	一种移动式遮阴棚 A mobile shade shed	2018-03-09	2018-09-03	201820325228.1	实用新型 Utility Model	罗含敏，丘立杭，吴建明，范业赓，黄杏，陈荣发，刘俊仙，熊发前 Han-min Luo, Li-hang Qiu, Jian-ming Wu, Ye-geng Fan, Xing Huang, Rong-fa Chen, Jun-xian Liu, Fa-qian Xiong
21	一种甘蔗测产用支撑架 A support frame for sugarcane yield measuring	2018-03-09	2018-08-10	201820324178.5	实用新型 Utility Model	丘立杭，吴建明，范业赓，黄杏，陈荣发，刘俊仙，熊发前，罗含敏 Li-hang Qiu, Jian-ming Wu, Ye-geng Fan, Xing Huang, Rong-fa Chen, Jun-xian Liu, Fa-qian Xiong, Han-min Luo
22	甘蔗倒伏角度测量装置 A device for measuring lodging angle of sugarcane	2018-03-21	2018-03-21	201820386605.2	实用新型 Utility Model	李翔，李毅杰，梁强，林善海，黄曲燕，黄海荣，谭宏伟 Xiang Li, Yi-jie Li, Qiang Liang, Shan-hai Lin, Qu-yan Huang, Hai-rong Huang, Hong-wei Tan
23	一种甘蔗汁提取装置 A sugarcane juice extraction device	2018-03-21	2018-03-21	201820387724.X	实用新型 Utility Model	李翔，林善海，梁强，李毅杰，黄曲燕，黄海荣，王伦旺 Xiang Li, Shan-hai Lin, Qiang Liang, Yi-jie Li, Qu-yan Huang, Hai-rong Huang, Lun-wang Wang
24	一种甘蔗切种装置 A sugarcane seed cutting device	2018-03-21	2018-10-19	201820386885.7	实用新型 Utility Model	李翔，黄曲燕，梁强，李毅杰，林善海，黄海荣 Xiang Li, Qu-yan Huang, Qiang Liang, Yi-jie Li, Shan-hai Lin, Hai-rong Huang
25	一种移动称重装置 A mobile weighing device	2017-04-21	2018-01-12	ZL2017 2 0426392.7	实用新型 Utility Model	杨荣仲，周会，罗亚伟，李杨瑞，唐仕云，周忠凤，邓宇驰，黄海荣，雷敬超 Rong-zhong Yang, Hui Zhou, Ya-wei Luo, Yang-rui Li, Shi-yun Tang, Zhong-feng Zhou, Yu-chi Deng, Hai-rong Huang, Jing-chao Lei

（续）

序号 No.	专利名称 Patent Title	申请时间 Application Time	授权时间 Authorized Date	专利号 Patent No.	专利类型 Patent Type	发明人 Inventor
26	甘蔗螟虫雌雄配对产卵装置 A sugarcane male and female borer pairing, as well as spawning device	2018-01-31	2018-09-25	201820170548.4	实用新型 Utility Model	魏吉利，黄诚华，潘雪红，商显坤，林善海 Ji-li Wei, Cheng-hua Huang, Xue-hong Pan, Xian-kun Shang, Shan-hai Lin
27	甘蔗螟虫卵块保存装置 A device for storing sugarcane borer eggs	2018-01-31	2018-09-25	201820174475.6	实用新型 Utility Model	魏吉利，黄诚华，商显坤，潘雪红，林善海 Ji-li Wei, Cheng-hua Huang, Xian-kun Shang, Xue-hong Pan, Shan-hai Lin
28	一种多功能米蛾饲养装置 A multi-functional device for raising rice moth (*Corcyra cephalonica*)	2017-09-25	2018-06-08	ZL201721234132.6	实用新型 Utility Model	潘雪红，黄诚华，魏吉利，商显坤，林善海 Xue-hong Pan, Cheng-hua Huang, Ji-li Wei, Xian-kun Shang, Shan-hai Lin
29	一种用于卵寄生蜂的试验装置 A test device for egg parasitoid	2018-01-15	2018-09-25	ZL201820057838.8	实用新型 Utility Model	潘雪红，黄诚华，商显坤，魏吉利，林善海 Xue-hong Pan, Cheng-hua Huang, Xian-kun Shang, Ji-li Wei, Shan-hai Lin
30	一种精准喷药车 A precision pesticide spraying truck	2018-02-11	2018-09-25	ZL201820240881.8	实用新型 Utility Model	潘雪红，辛德育 Xue-hong Pan, De-yu Xin
31	一种田间灯诱昆虫装置 A device for field trap lamp	2017-07-04	2018-03-09	ZL201720795401.X	实用新型 Utility Model	商显坤，潘雪红，黄诚华，魏吉利 Xian-kun Shang, Xue-hong Pan, Cheng-hua Huang, Ji-li Wei
32	一种便携式田间灯诱昆虫的电源配套装置 A portable device matching the power supply of field trap lamp	2017-07-14	2018-03-09	ZL201720854868.7	实用新型 Utility Model	商显坤，黄诚华，潘雪红，魏吉利 Xian-kun Shang, Cheng-hua Huang,Xue-hong Pan, Ji-li Wei
33	一种适用于鞘翅目地下害虫的饲养网室 A feeding net chamber for underground *Coleoptera* pests	2017-07-18	2018-03-09	ZL201720869205.2	实用新型 Utility Model	商显坤，黄诚华，魏吉利，潘雪红 Xian-kun Shang, Cheng-hua Huang, Ji-li Wei, Xue-hong Pan
34	一种用于观察地下害虫在土壤中活动规律的装置 A device used to observe the movement laws of underground pests in the soil.	2018-01-19	2018-09-11	ZL201820090528.6	实用新型 Utility Model	商显坤，黄诚华，潘雪红，魏吉利，林善海 Xian-kun Shang, Cheng-hua Huang, Xue-hong Pan, Ji-li Wei, Shan-hai Lin

3 发表论著

PUBLICATIONS

3.1 发表期刊论文 Journal Papers

1. Rong-fa Chen, Xing Huang, Li-hang Qiu, Ye-geng Fan, Rong-hua Zhang, Jin-lan Xie, Jian-ming Wu *, Yang-rui Li*. Changes in activities of key enzymes in sugarcane stem at different growing stages. American Journal of Plant Biology, 2018, 3(2): 21. (DOI:10.11648/j.ajpb.20180302.12).
2. Tie-guang He#, Li-rong Su#, Yang-rui Li*, Tian-ming Su, Fang Qin, Qin Li. Nutrient decomposition rate and sugarcane yield as influenced by mung bean intercropping and crop residue recycling. Sugar Tech, 2018, 20(2):154–162.
3. Lian Jin, Yan Deng, Nong-yue He, Li-jun Wang, Meng-ling Weng *. Polyethylenimine-mediated CCR5 gene knockout using transcription activator-like effector nucleases. Journal of Biomedical Nanotechnology, 2018, 14 (3):546-552.
4. Lian Jin, Chuan-xiang Zhang, Yan Deng, Qi Jia, Yuan Liu, Nong-ye He, Li-jun Wang *, Meng-ling Weng. Polyethylenimine and chitosan-based non-viral carriers for gene delivery. Nanoscience and Nanotechnology Letters, 2018, 10(7):908-912.
5. Jian Li, Thi-Thu Phan, Yang-rui Li*, Yong-xiu Xing, Li-tao Yang *. Isolation, transformation and overexpression of sugarcane *SoP5CS* gene for drought tolerance improvement. Sugar Tech, 2018, 20(4):464-473.
6. Nan Li#, Zhi-nian Deng#, Yuan-wen Wei, Hui-qing Cao, Yang-rui Li *. Production of humic acid by a bacillus megaterium strain using vinasse. Sugar Tech, 2018, Sugar Tech, 20(2):163-167.
7. Fen Liao, Liu Yang*, Qiang Li, Yang-rui Li, Li-tao Yang, Muhammad Anas, Dong-liang Huang. Characteristics and inorganic N holding ability of biochar derived from the pyrolysis of agricultural and forestal residues in the southern China. Journal of Analytical and Applied Pyrolysis, 2018, 134:544-551.
8. Fen Liao, Liu Yang*, Qiang Li, Jian-jun Xue, Yang-rui Li*, Dong-liang Huang, Li-tao Yang. Effect of biochar on growth, photosynthetic characteristics and nutrient distribution in sugarcane. Sugar Tech, 2018, https://doi.org/10.1007/s12355-018-0663-6.
9. Xi-hui Liu#, Rong-hua Zhang#, Hui-ping Ou#, Yi-yun Gui, Jin-ju Wei, Hui Zhou, Hong-wei

Tan[*], Yang-rui Li [*]. Comprehensive transcriptome analysis reveals genes in response to water deficit in the leaves of *Saccharum narenga* (Nees ex Steud.) Hack. BMC Plant Biology, 2018, 18(1):1-16.

10. Jun-qi Niu, Jing-li Huang, Thi-Thu Phan, Yong-bao Pan, Li-tao Yang[*],Yang-rui Li [*]. Molecular cloning and expressional analysis of five sucrose transporter (SUT) genes in sugarcane. Sugar Tech, 2018, DOI: 10.1007/s12355-018-0623-1.
11. Zhen-qiang Qin[*], François-Régis Goebel, De-wei Li, Jin-ju Wei, Xiu-peng Song, Ya-wei Luo, Lu Liu, Zhan-yun Deng. Occurrence of *Telenomus dignus* (Gahan) on the sugarcane borers, *Scirpophaga intacta* Snellen and *Chilo sacchariphagus* Bojer in Guangxi Province, China. Sugar Tech, 2018, 20(6):725-729.
12. Pratiksha Singh, Qi-qi Song, Rajesh Kumar Singh, Hai-bi Li, Manoj Kumar Solanki, Li-tao Yang, Yang-rui Li [*]. Physiological and molecular analysis of sugarcane (varieties-F134 and NCo310) during *Sporisorium scitamineum* interaction. Sugar Tech, 2018, DOI:10.1007/s12355-018-0671-6.
13. Xiu-peng Song, Dan-dan Tian, Ming-hui Chen, Zhen-qiang Qin, Jin-ju Wei, Chun-yan Wei, Xiao-qiu Zhang, De-wei Li, Li-tao Yang[*],Yang-rui Li [*]. Cloning and identification of differentially expressed genes associated with smut in sugarcane. Sugar Tech, 2018, 20(6):717-724.
14. Zhen Wang, Manoj Kumar Solanki, Zhuo-xin Yu, Li-tao Yang, Qian-li An, Deng-feng Dong[*], Yang-rui Li[*]. Draft genome analysis offers insights into the mechanism by which *Streptomyces chartreusis* WZS021 increases drought tolerance in sugarcane. Frontiers in Microbiology, section Plant Microbe Interactions, 2018, doi: 10.3389/fmicb.2018.03262.
15. Kai-chao Wu[#], Li-ping Wei[#], Cheng-mei Huang[#], Yuan-wen Wei, Hui-qing Cao, Lin Xu, Hai-bin Luo, Sheng-li Jiang, Zhi-nian Deng[*], Yang-rui Li [*]. Transcriptome reveals differentially expressed genes in *Saccharum spontaneum* GX83-10 leaf under drought stress. Sugar Tech, 2018,20(6)756-764.
16. Bao-qing Zhang, Min Shao, Yong-jian Liang, Xing Huang, Xiu-peng Song, Hu Chen, Li-tao Yang[*], Yang-rui Li [*]. Molecular cloning and expression analysis of *ScTUA* gene in sugarcane. Sugar Tech, 2019, 21(4):578-585.
17. Kai Zhu, Dan Yuan, Xiao-qiu Zhang, Li-tao Yang[*],Yang-rui Li [*]. The physiological characteristics and associated gene expression of sugarcane inoculated with *Leifsonia xyli* subsp. xyli. Journal of Phytopathology, 2018, 166(1):44-52.
18. 段维兴，张保青，周珊，黄玉新，王泽平，高铁静，杨翠芳，林善海，张革民[*]. 甘蔗与河八王杂交BC_1对黑穗病的抗性鉴定与初步评价. 中国农业大学学报，2018, 23(3):29-37.
    Wei-xing Duan, Bao-qing Zhang, Shan Zhou, Yu-xin Huang, Ze-ping Wang, Yi-jing Gao, Cui-fang Yang, Shan-hai Lin, Ge-min Zhang[*]. Identification and preliminary evaluation of smut resistance in BC_1 hybrids derived from *Saccharum* L.× *Narenga porphyrocoma* (Hance) Bor. Journal of China Agricultural University, 2018, 23(3):29-37.

19. 丘立杭，范业赓，罗含敏，黄杏，陈荣发，杨荣仲，吴建明*，李杨瑞*. 甘蔗分蘖发生及成茎的调控研究进展. 植物生理学报，2018, 54(2):192-202.

Li-hang Qiu, Ye-geng Fan, Han-min Luo, Xing Huang, Rong-fa Chen, Rong-zhong Yang, Jian-ming Wu*, Yang-rui Li*. Advances of regulation study on tillering formation and stem forming from available tillers in sugarcane (*Saccharum officinarum*). Plant Physiology Journal, 2018, 54(2):192-202.

20. 丘立杭，罗含敏，陈荣发，黄杏，陈忠良，范业赓，陈栋，李杨瑞*，吴建明*. 基于RNA-Seq的甘蔗主茎和分蘖茎转录组建立及初步分析. 基因组学与应用生物学，2018, 37(3): 1271-1279.

Li-hang Qiu, Han-min Luo, Rong-fa Chen, Xing Huang, Zhong-liang Chen, Ye-geng Fan, Dong Chen, Yang-rui Li*, Jian-ming Wu*. Establishment and preliminary analysis on transcriptome of sugarcane between stalk and tiller based on RNA-Seq technology, Genomics and Applied Biology, 2018, 37 (3):1271-1279.

21. 黄玉新，张保青，周珊，杨翠芳，高铁静，段维兴，李杨瑞，张革民*. 斑割复合体BC_1材料性状的遗传变异与相关分析. 中国农业大学学报，2018, 23(7):19-25.

Yu-xing Huang, Bao-qing Zhang, Shan Zhou, Cui-fang Yang, Yi-jing Gao, Wei-xing Duan, Yang-rui Li, Ge-min Zhang*. Genetic variation and correlation analysis of characters in BC_1 progeny of intergeneric hybrid (*Erianthus arundinaceus*×*Saccharum spontaneum*). Journal of China Agricultural University, 2018, 23(7):19-25.

22. 秦翠鲜#，桂意云#，陈忠良，汪淼，廖芬，李杨瑞，黄东亮*. 植物蔗糖合成酶基因研究进展. 分子植物育种，2018, 16(12):3907-3914.

Cui-xian Qin#, Yi-yun Gui#, Zhong-liang Chen, Miao Wang, Fen Liao, Yang-rui Li, Dong-liang Huang*. The progress of studies on sucrose synthase genes in plants. Molecular Plant Breeding, 2018, 16(12):3907-3914.

23. 刘昔辉，张荣华，桂意云，韦金菊，区惠平，段维兴，黄东亮*，李杨瑞*. 甘蔗及其近缘属倍性鉴定与分析. 分子植物育种，2018, 16(15):5100-5107.

Xi-hui Liu, Rong-hua Zhang, Yi-yun Gui, Jin-ju Wei, Hui-ping Ou, Wei-xing Duan , Dong-liang Huang *, Yang-rui Li*. Ploidy identification of *Saccharum* L. and its related genera. Molecular Plant Breeding, 2018, 16(15):5100-5107.

24. 刘丽敏，何为中*，刘红坚，余坤兴，范业赓，翁梦苓. 甘蔗无根试管苗光合自养生根过程中叶片生理生化特征的变化. 热带作物学报，2018, 39(5):867-872.

Li-min Liu, Wei-zhong He*, Hong-jian Liu, Kun-xing Yu, Ye-geng Fan, Meng-ling Weng. Changes of physiological and biochemical characteristics in leaves during photoautotrophic rooting of in vitro sugarcane plantlets. Chinese Journal of Tropical Crops, 2018, 39(5):867-872.

25. 覃振强*，吴建辉，邱宝利. 广西南宁柑橘粉虱和黑刺粉虱种群动态监测. 中国南方果树，2018, 47(5):12-14.

Zhen-qiang Qin*, Jian-hui Wu, Bao-li Qiu. Dynamic monitoring of dialeurodes citri ashm and aleurocanthus spiniferus in Nanning of Guangxi. South China Fruits, 2018, 47(5):12-14.

26. 李德伟，覃振强[*]，罗亚伟，宋修鹏，魏春燕，丁华珍，林婵. 茭白和甜玉米对甘蔗二点螟生长发育的影响. 南方农业学报，2018, 49(10):1982-1987.

    De-wei Li, Zhen-qiang Qin[*], Ya-wei Luo, Xiu-peng Song, Chun-yan Wei, Hua-zhen Ding, Chan Lin. Effects of Zizania latifolia and sweet corn on growth and development of *Chilo infuscatellus* Snellen. Journal of Southern Agriculture, 2018, 49(10):1982-1987.

27. 吴凯朝，韦莉萍，徐林，唐仕云，魏源文，黄诚梅，曹辉庆，罗海斌，蒋胜理，邓智年[*]，李杨瑞[*]. 干旱胁迫下割手密基因cDNA-SCoT差异表达分析. 南方农业学报，2018, 49(2):201-207.

    Kai-chao Wu, Li-ping Wei, Lin Xu, Shi-yun Tang, Yuan-wen Wei, Cheng-mei Huang, Hui-qing Cao, Hai-bin Luo, Sheng-li Jiang, Zhi-nian Deng[*], Yang-rui Li[*]. Differentially expressed gene analysis by cDNA-SCoT in *Saccharum spontaneum* under drought stress. Journal of Southern Agriculture, 2018, 49(2):201-207.

28. 韦金菊，魏春燕，宋修鹏，覃振强[*]，谭宏伟，张荣华，庞天，王伦旺，刘璐，李杨瑞[*]. 广西北海蔗区甘蔗白条病发生情况调查. 南方农业学报，2018, 49(2):264-270.

    Jin-ju Wei, Chun-yan Wei, Xiu-peng Song, Zhen-qiang Qin[*], Hong-wei Tan, Rong-hua Zhang, Tian Pang, Lun-wang Wang, Lu Liu, Yang-rui Li [*]. Sugarcane leaf scald disease in sugarcane planting areas of Beihai, Guangxi. Journal of Southern Agriculture, 2018,49(2):201-207.

29. 商显坤，黄诚华[*]，潘雪红，魏吉利. 突背蔗犀金龟雌雄成虫的鉴别方法. 环境昆虫学报，2018, 40(2):485-488.

    Xian-kun Shang, Cheng-hua Huang[*], Xue-hong Pan, Ji-li Wei. The method for identifying sexuality of *Alissonotum impressicolle* Arrow adults. Journal of Environmental Entomology, 2018,40(2):485-488.

30. 樊保宁，游建华[*]，谭宏伟，梁阗，吴凯朝，廖庆才. 桂辐98-296种茎补种新台糖22号宿根蔗对甘蔗产量和品质的影响. 南方农业学报，2018, 49(8):1512-1516.

    Bao-ning Fan, Jian-hua You[*], Hong-wei Tan, Tian Liang, Kai-chao Wu, Qing-cai Liao . Effects of filling in the blank of ROC22 ratoon crop field with Guifu 98-296 seed cane on sugarcane yield and quality. Journal of Southern Agriculture, 2018, 49(8):1512-1516.

31. 刘晓燕，韦幂，王维赞[*]，梁强，董文斌，李长宁，李毅杰，谢金兰. 机械压实对蔗田土壤理化性状、微生物活性和甘蔗生长的影响. 西南农业学报，2018, 31(8):1669-1675.

    Xiao-yan Liu, Mi Wei, Wei-zan Wang[*], Qiang Liang, Wen-bing Dong, Chang-ning Li, Yi-jie Li, Jin-lan Xie. Effects of mechanical compaction on physicochemical properties, microbial activity of sugarcane fields soil and growth of sugarcane. Southwest China Journal of Agricultural Sciences, 2018, 31(8):1669-1675.

32. 贤武[*]，王伦旺，邓宇弛，廖江雄，谭芳，经艳. 甘蔗叶表蜡质检测及其与农艺性状和抗逆性的相关性分析. 南方农业学报，2018, 49(9):1712-1721.

    Wu Xian[*], Lun-wang Wang, Yu-chi Deng, Jiang-xiong Liao, Fang Tan, Yan Jing. Detection of epicuticular wax on sugarcane leaves and its correlation with agronomic characters and stress resistance. Journal of Southern Agriculture, 2018, 49(9):1712-1721.

33. 唐仕云，杨丽涛*，李杨瑞*. 低温胁迫下不同甘蔗品种的转录组比较分析. 生物技术通报，2018, 34(12):116-124.

Shi-yun Tang, Li-tao Yang*, Yang-rui Li*. Comparative analysis on transcriptome among different sugarcane cultivars under low temperature stress. Biotechnology Bulletin, 2018, 34(12):116-124.

34. 邓宇驰，王伦旺*，王泽平，黄海荣，贤武. 甘蔗品种桂糖42号的种性及其高产稳产性分析与评价. 南方农业学报，2018, 49(01):42-47.

Yu-chi Deng, Lun-wang Wang*, Ze-ping Wang, Hai-rong Huang, Wu Xian. Analysis and evaluation for varietal characteristics and high yield stability of sugarcane variety Guitang 42. Journal of Southern Agriculture, 2018, 49(01):42-47.

35. 韦金凡，李廷化，商显坤*，宋一林. 释放螟黄赤眼蜂对甘蔗螟虫的田间防效. 中国植保导刊，2018, 38(1):55-57, 77.

Jin-fan Wei, Ting-hua Li, Xian-kun Shang*, Yi-lin Song. Control effect of Trichogramma borer against sugarcane borer in the field China. Plant Protection, 2018, 38 (1):55-57, 77.

36. 甘崇琨，陈荣发，范业赓，黄杏，张荣华，雷敬超，李杨瑞，丘立杭*，吴建明*. 桂糖系列甘蔗新品种（系）比较试验. 中国糖料，2018, 40(1):30-32.

Chong-kun Gan, Rong-fa Chen, Ye-geng Fan, Xing Huang, Rong-hua Zhang, Jing-chao Lei, Yang-rui Li, Li-hang Qiu*, Jian-ming Wu*. Comparative Trial of GuiTang Sugarcane Varieties (Lines).Sugar Crops of China, 2018,40(1):30-32.

37. 雷敬超，张保青，高丽花，唐仕云，经艳，周珊，高轶静*. 甘蔗常用亲本黑穗病抗性初步调查. 中国糖料，2018, 40(5):30-33.

Jing-chao Lei, Bao-qing Zhang, Li-hua Gao, Shi-yun Tang, Yan Jing, Shan Zhou, Yi-jing Gao*. Preliminary Survey on Smut Disease of Commonly-used Sugarcane Parents. Sugar Crops of China, 2018, 40(5):30-33.

38. 罗亚伟，覃振强，梁阗，王维赞*，李德伟. 甘蔗种茎储存期对萌芽出苗的影响. 中国糖料，2018, 40(2):13-15.

Ya-wei Luo, Zhen-qiang Qin, Tian Liang, Wei-zan Wang*, De-wei Li. Effect of Different Storage Periods of Sugarcane Seed Stem on Germination and Emergence. Sugar Crops of China,2018,40(2):13-15.

39. 邓宇驰，王伦旺*，经艳，唐仕云，李翔，谢金兰，雷敬超，谭芳. 甘蔗新品种桂糖51号的选育. 中国糖料，2018, 40(5):10-12.

Yu-chi Deng, Lun-wang Wang*, Yan Jing, Shi-yun Tang, Xiang Li, Jin-lan Xie, Jing-chao Lei, Fang Tan. Breeding of a new sugarcane variety Guitang 51. Sugar Crops of China, 2018, 40(5):10-12.

3.2 发表及参著著作 Published Books and Book Chapters

1. Yang-rui Li, Xiu-peng Song, Jian-ming Wu, Chang-ning Li, Qiang Liang, Xi-hui Liu, Wei-zan Wang, Hong-wei Tan, and Li-tao Yang *. Farming Technologies for Sugarcane Production in Upland Fields. In: Sustainable Sugarcane Production. Editors: Priyanka Singh, PhD; Ajay Kumar Tiwari, PhD. pp. 1-17. Hard ISBN: 9781771887021; E-Book ISBN: 9781351047760; Pages: 454pp w/Index. Apple Academic Press, March 2018.
2. Govind-Pratap Rao Sushil Solomon, Yang-rui Li, Madhavan Swapna, Priyanka Signh, Ajay Tiwari, Wirat Vanichsriratana, Sopon Uraichuen. Sugar Crops Improvement, Biotechnology, Bio Refinery and Diversification: Impacts on Bio-based Economy, Proceedings 6th IAPSIT International Sugar Conference (International Conference: IS-2018), Udon Thani, Thailand, March 6-9, 2018. Total pages: 619. Published by International Association of Professionals in Sugar and Integrated Technologies (IAPSIT) and (Thailand Society of Sugar Cane Technologists (TSSCT).

3.3 发表国际会议论文 International Conference Papers

1. Gan-lin Chen*, Feng-jin Zheng, Hai-rong Guo, Jian Sun, Manoj Kumar Srivastava, Bo Lin, Yang-rui Li*. Derivation and evaluation of thermal kinetics of saponification of sugarcane (Saccharum officinarum L.) wax. Sugar Crops Improvement, Biotechnology, Bio Refinery and Diversification: Impacts on Bio-based Economy, Proceedings 6th IAPSIT International Sugar Conference (International Conference: IS-2018), Udon Thani, Thailand, March 6-9, 2018, 450-456.
2. Rong-fa Chen*, Li-hang Qiu, Xing Huang, Jian-ming Wu, Yang-rui Li*, Li-tao Yang. Changes in the activities of key enzymes during the growth and development of sugarcane internodes. Sugar Crops Improvement, Biotechnology, Bio Refinery and Diversification: Impacts on Bio-based Economy, Proceedings 6th IAPSIT International Sugar Conference (International Conference: IS-2018), Udon Thani, Thailand, March 6-9, 2018, 277-283.
3. Yu-chi Deng, Lun-wang Wang*, Hai-rong Huang, Jia-yong Huang, Shi-yun Tang, Xiang Li , Fang Tan, Yan Jing, Wu Xian, Zhong-feng Zhou. Analysis of productivity and stability of sugarcane variety Guitang 46 in Guangxi, China. Sugar Crops Improvement, Biotechnology, Bio Refinery and Diversification: Impacts on Bio-based Economy, Proceedings 6th IAPSIT International Sugar Conference (International Conference: IS-2018), Udon Thani, Thailand, March 6-9, 2018, 185-187.
4. Wei-zhong He, Li-min Liu, Hong-jian Liu, Ye-geng Fan, Kun-xing Yu, Meng-ling Weng *. Photoautotrophic rooting of sugarcane microshoots. Sugar Crops Improvement, Biotechnology,

Bio Refinery and Diversification: Impacts on Bio-based Economy, Proceedings 6th IAPSIT International Sugar Conference (International Conference: IS-2018), Udon Thani, Thailand, March 6-9, 2018, 196-201.

5. Jian Li, Thi-Thu Phan, Yang-rui Li *, Yong-xiu Xing, Li-tao Yang*. Isolation and over expression of sugarcane *SoP5CS* gene. Sugar Crops Improvement, Biotechnology, Bio Refinery and Diversification: Impacts on Bio-based Economy, Proceedings 6th IAPSIT International Sugar Conference (International Conference: IS-2018), Udon Thani, Thailand, March 6-9, 2018, 359-368.
6. Nan Li#, Zhi-nian Deng#, Ping Zhen, You-ru Wu, Yuan-wen Wei, Hui-qing Cao, Yang-rui Li*. Production of humic acid using sugarcane molasses alcohol wastewater by bacillus CGBI strain. Sugar Crops Improvement, Biotechnology, Bio Refinery and Diversification: Impacts on Bio-based Economy, Proceedings 6th IAPSIT International Sugar Conference (International Conference: IS-2018), Udon Thani, Thailand, March 6-9, 2018, 588-491.
7. Yang-rui Li *, Li-tao Yang, Qian-li An, Yong-xiu Xing, Chun-jin Hu, Ting Luo, Li Lin, Chun-yan Wei. Functional endophytic nitrogen fixing bacteria in Guangxi, China detected by high-throughput sequencing and metatranscriptomics. Sugar Crops Improvement, Biotechnology, Bio Refinery and Diversification: Impacts on Bio-based Economy, Proceedings 6th IAPSIT International Sugar Conference (International Conference: IS-2018), Udon Thani, Thailand, March 6-9, 2018, 358.
8. Fen Liao, Liu Yang*, Jian-jun Xue, Kun-xing Yu, Dong-liang Huang, Yang-rui Li*, Li-tao Yang. Effect of biochar addition on growth, photosynthetic characteristics and nutrient distribution in sugarcane. Sugar Crops Improvement, Biotechnology, Bio Refinery and Diversification: Impacts on Bio-based Economy, Proceedings 6th IAPSIT International Sugar Conference (International Conference: IS-2018), Udon Thani, Thailand, March 6-9, 2018, 259-265.
9. Shan-hai Lin*, Wei-xing Duan, Yu-xin Huang, Shi-yun Tang, Ze-ping Wang, Yi-jie Li. Occurrence and grading of resistance analysis of sugarcane pokkah boeng in Liuzhou and Laibin counties of Guangxi Province. Sugar Crops Improvement, Biotechnology, Bio Refinery and Diversification: Impacts on Bio-based Economy, Proceedings 6th IAPSIT International Sugar Conference (International Conference: IS-2018), Udon Thani, Thailand, March 6-9, 2018, 202-205.
10. Li-min Liu, Wei-zhong He*, Hong-jian Liu, Kun-xing Yu, Ye-geng Fan, Meng-ling Weng. Changes of physiological and biochemical indexes in leaves during photoautotrophic rooting process of rootless sugarcane microshoots. Sugar Crops Improvement, Biotechnology, Bio Refinery and Diversification: Impacts on Bio-based Economy, Proceedings 6th IAPSIT International Sugar Conference (International Conference: IS-2018), Udon Thani, Thailand, March 6-9, 2018, 206-211.
11. Xi-hui Liu, Jin-ju Wei, Hui-ping Ou, Hui Zhou, Rong-hua Zhang, Li-tao Yang*, Yang-

rui Li*. Transcriptome profiling of sugarcane infected with the twisted leaf disease. Sugar Crops Improvement, Biotechnology, Bio Refinery and Diversification: Impacts on Bio-based Economy, Proceedings 6th IAPSIT International Sugar Conference (International Conference: IS-2018), Udon Thani, Thailand, March 6-9, 2018, 425-427.

12. Ting Luo, Chang-ning Li, Yi-jie Li, Qiang Liang, Xiao-yan Liu, Wei-zan Wang, Zhong-feng Zhou, Yang-rui Li*. Analysis of nitrogen fixation efficiency of sugarcane and its related gerera through ^{15}N natural abundance method. Sugar Crops Improvement, Biotechnology, Bio Refinery and Diversification: Impacts on Bio-based Economy, Proceedings 6th IAPSIT International Sugar Conference (International Conference: IS-2018), Udon Thani, Thailand, March 6-9, 2018, 62-64.
13. Jun-qi Niu, Jing-li Huang, Thi-Thu Phan, Yong-bao Pan, Li-tao Yang*, Yang-rui Li*. Sucrose transporter (SUT) genes correlated with sucrose accumulation in sugarcane internodes. Sugar Crops Improvement, Biotechnology, Bio Refinery and Diversification: Impacts on Bio-based Economy, Proceedings 6th IAPSIT International Sugar Conference (International Conference: IS-2018), Udon Thani, Thailand, March 6-9, 2018, 380-386.
14. Xue-hong Pan, Cheng-hua Huang*, Ji-li Wei, Xian-kun Shang, Shan-hai Lin. Current research status of egg parasitoid against sugarcane borers in China. Sugar Crops Improvement, Biotechnology, Bio Refinery and Diversification: Impacts on Bio-based Economy, Proceedings 6th IAPSIT International Sugar Conference (International Conference: IS-2018), Udon Thani, Thailand, March 6-9, 2018, 188-190.
15. Cui-xian Qin, Zhong-liang Chen, Miao Wang, Yi-yun Gui , Fen Liao, Qing Liao, Yang-rui Li, Dong-liang Huang*. Exploration of sucrose accumulation associated genes in sugarcane by RNA sequencing. Sugar Crops Improvement, Biotechnology, Bio Refinery and Diversification: Impacts on Bio-based Economy, Proceedings 6th IAPSIT International Sugar Conference (International Conference: IS-2018), Udon Thani, Thailand, March 6-9, 2018, 328-336.
16. Pratiksha Singh#, Qi-qi Song#, Rajesh Kumar Singh, Hai-bi Li, Manoj Kumar Solanki, Li-tao Yang*,Yang-rui Li *. Differential expression of pathogenesis-related genes with biochemical and physiological changes in sugarcane infected by Sporisorium scitamineum. Sugar Crops Improvement, Biotechnology, Bio Refinery and Diversification: Impacts on Bio-based Economy, Proceedings 6th IAPSIT International Sugar Conference (International Conference: IS-2018), Udon Thani, Thailand, March 6-9, 2018, 345-357.
17. Van Zwieten Lukas, Xi-hui Liu*, Han-zhe Weng. Carbon and nitrogen cycling from sugarcane trash and its biochar (3500C) and their role in priming of SOC. The 4th Asia Pacific Biochar Conference (APBC 2018), 3-8 November 2018 in Foshan City, Guangdong Province, China.
18. Fang Tan, Rong-zhong Yang, Yan Jin, Hui Zhou*. Evaluation of sugarcane parents and crosses by combining ability analysis. Sugar Crops Improvement, Biotechnology, Bio Refinery and Diversification: Impacts on Bio-based Economy, Proceedings 6th IAPSIT International Sugar

Conference (International Conference: IS-2018), Udon Thani, Thailand, March 6-9, 2018, 387-393.

19. Hong-wei Tan*, Liu-qiang Zhou, Shang-dong Yang. Influence of long term application of chemical fertilizers on soil acidification. Sugar Crops Improvement, Biotechnology, Bio Refinery and Diversification: Impacts on Bio-based Economy, Proceedings 6th IAPSIT International Sugar Conference (International Conference: IS-2018), Udon Thani, Thailand, March 6-9, 2018, 195.
20. Lun-wang Wang*, Hai-rong Huang, Xiang Li, Yan Jing, Yu-chi Deng, Wu Xian, Fang Tan, Shi-yun Tang. Breeding and evaluation of new sugarcane variety GT48. Sugar Crops Improvement, Biotechnology, Bio Refinery and Diversification: Impacts on Bio-based Economy, Proceedings 6th IAPSIT International Sugar Conference (International Conference: IS-2018), Udon Thani, Thailand, March 6-9, 2018, 403-406.
21. Chun-yan Wei, Bao-qing Zhang, Xiu-peng Song, Yong-xiu Xing, Li-tao Yang, Yang-Rui Li*. Growth-promoting effect and nitrogen fixation ability of Klebsiella variicola DX120E inoculation on two sugarcane cutivars. Sugar Crops Improvement, Biotechnology, Bio Refinery and Diversification: Impacts on Bio-based Economy, Proceedings 6th IAPSIT International Sugar Conference (International Conference: IS-2018), Udon Thani, Thailand, March 6-9, 2018, 286-289.
22. Rong-zhong Yang*, Hui Zhou, Fang Tan. Evaluation of disease resistance in sugarcane crosses in China. ISSCT 12th Germplasm & Breeding/Molecular Biology Workshop, section abstracts, 22-26 October 2018, Okinawa, Japan.

4 合作与交流

COOPERATION AND EXCHANGE

4.1 实验室人员参加国内外学术交流记录 Important Academic Exchange Activities

4.1.1 参加国外学术交流记录 International Academic Exchange Activities

（1）2018年3月5—10日，实验室主任李杨瑞教授一行15人（李杨瑞、唐其展、陈海生、杨丽涛、黄东亮、杨柳、刘昔辉、何为中、林善海、覃振强、罗霆、陈桂芬、潘雪红、刘丽敏、唐利球）参加了在泰国乌隆府举行的国际糖业科技协会“第六届糖业国际学术研讨会”（6th IAPSIT International Sugar Conference，IAPSIT-2018）。李杨瑞被选作为大会主席，并作2个专题学术报告，在大会上作口头报告的实验室人员还有杨丽涛、黄东亮、罗霆、陈桂芬等。杨丽涛作为主席主持大会主报告会；李杨瑞作为主席、唐其展作为协调人，主持“糖料作物生产和保护技术、生产机械化”专题的首场报告会。这次大会上李杨瑞被泰国甘蔗学会（TSSCT）授予杰出学术领袖奖，罗霆等的论文“Analysis of nitrogen fixation efficiency of sugarcane and its related gerera through 15N natural abundance method”最佳墙报论文三等奖。

On March 5-10, 2018, a delegation of 15 members (Yang-rui Li, Qi-zhan Tang, Hai-sheng Chen, Li-tao Yang, Dong-liang Huang, Liu Yang, Xi-hui Liu, Wei-zhong He, Shan-hai Lin, Zhen-qiang Qin, Ting Luo, Gui-fen Chen, Xue-hong Pan, Li-min Liu, Li-qiu Tang) led by Professor Yang-rui Li attended the 6th IAPSIT International Sugar Conference (IAPSIT-2018), held in Udon Thani, Thailand. Professor Yang-rui Li served as chairman of the conference and delivered 2 oral presentations. Li-tao Yang served as chairperson of the section “Keynote Lecture”; Yang-rui Li served as chairman and Qi-zhan Tang as coordinator of the section “Sugar Crops Production & Protection Technologies, Mécanization of Farms”. Prof. Yang-rui Li was awarded as “TSSCT Leadership Excellent Award”, and and the paper “Analysis of nitrogen fixation efficiency of sugarcane and its related gerera through 15N natural abundance method” by Ting Luo et al. was awarded as the third prize of the Best Poster Presentation Award.

（2）2018年6月24—28日，应信德农业大学 (Sindh Agriculture University) 常务副校长Dr. Mujeeb Sahrai教授的邀请，6月24—28日，李杨瑞、吕荣华、黄东亮、莫贱友、李其利赴巴基斯坦开展合作交流。6月25日，代表团代表广西农业科学院与信德省农业大学签署《巴基斯坦信德省农业大学（SAU）与广西农业科学院（GXAAS）谅解备忘录》。巴基斯坦国家新闻报道了广西农业科学院与信德农业大学的此次交流合作。6月26日，代表团参观了信德农业大学乌梅尔蔻特（Umerkot）校区，并在校区种植了友谊之树。

Invited by Vice Chancellor Dr. Mujeeb Sahrai, a delegation of 5 members, led by Yang-rui Li, Director, Key Laboratory of Sugarcane Biotechnology and Genetic Improvement, Guangxi Academy of Agricultural Sciences (GXAAS), including Rong-hua Lü, Dong-liang Huang, Jian-you Mo and Qi-li Li, visited Sindh Agriculture University (SAU) in Pakistan for academic cooperation and exchange on June 24-28, 2018. On behalf of GXAAS, the delegation signed the Memorandum of Understanding between GXAAS and SAU on June 25. Pakistan National News Agency reported this event. The delegation visited Umerkot campus of SAU, and planted friendship trees at the campus.

（3）2017年2月至2018年8月，实验室李鸣到美国普渡大学进行为期一年半的访问学习，研究方向为甘蔗生物技术。

From February 2017 to August 2018, Ming Li worked in Purdue University, USA, as a visiting scientist.

（4）2018年9月22—29日，李杨瑞、黄东亮、刘昔辉、宋修鹏一行4人到法属留尼汪参加国际甘蔗技师协会（ISSCT）ISSCT农学与农业工程研讨会。

On September 22-29, Yang-rui Li, Dong-liang Huang, Xi-hui Liu and Xiu-peng Song attended the ISSCT Agronomy and Agricultural Engineering Workshop held in Reuion.

（5）2018年10月22—26日，Prakash Lakshmanan、杨荣仲、周会一行3人到日本冲绳县参加国际甘蔗技师协会（ISSCT）第12次种质资源与育种/分子生物学研讨会。

Drs. Prakash Lakshmanan, Yong-zhong Yang and Hui Zhou attended the 12th ISSCT Germplasm & Breeding/Molecular Biology Workshop, section abstracts, 22-26 October 2018, Okinawa, Japan.

4.1.2 参加国内学术交流记录 Domestic Academic Exchange Activities

（1）2018年1月9—13日，重点实验室黄杏、吴凯朝、林丽、秦翠鲜和陈荣发一行5人参加了由中国农业科学院农业传媒与传播研究中心主办的农业科研院所及高校实验室（站）安全管理与隐患排查培训班。

On January 9-13, 2018, a group of 5 people including Xing Huang, Kai-chao Wu, Li Lin, Cui-xian Qin and Rong-fa Chen participated in the safety management and hidden trouble investigation training class for agricultural scientific research institutes and university laboratories hosted by the Agricultural Media and Communication Research Center, Chinese Academy of Agricultural Sciences in Beijing.

(2) 2018年1月17—23日，谭宏伟、杨荣仲、黄诚华参加了在海南海口举行的国家糖料产业技术体系2017年度体系工作年终考评会。

On January 17-23, 2018, Hong-wei Tan, Rong-zhong Yang and Cheng-hua Huang participate in the 2017 annual work review of the national sugar industry technology system in Haikou, Hainan.

(3) 2018年4月13日，应来宾市政府邀请，谭宏伟研究员参加了来宾市现代农业产业园“双高”甘蔗建设交流会。

On April 13, 2018, at the invitation of the Laibin Government, Hong-wei Tan participated in the “Double High” Sugarcane Construction Exchange Conference of Laibin Modern Agricultural Industrial Park.

(4) 2018年4月25日，2018年广西学术活动月启动仪式暨广西糖业发展高峰论坛在南宁国际会展中心召开，实验室主任李杨瑞教授主持，谭宏伟出席并作主题报告。

The 2018 launch of Guangxi Academic Activity Month Launching and the Guangxi Sugar Industry Development Summit Forum was held at the Nanning International Convention and Exhibition Center, On April 25, 2018. Professor Yang-rui Li, Director Key Laboratory of Sugarcane Biotechnology and Genetic Improvement, Guanxi Academy of Agricultural Sciences (GXAAS) hosted the events and Prof. Hong-wei Tan, Vice President, GXAAS gave a keynote speech.

(5) 2018年5月19—20日，覃振强、丘立杭、段维兴、陈荣发在象州县举办“象州县贫困村科技特派员甘蔗技术培训会”。

On May 19-20, 2018, Zhen-qiang Qin, Li-hang Qiu, Wei-xing Duan, and Rong-fa Chen hold the “Technical Training Meeting on Sugarcane Technology Specialists in Poor Villages in Xiangzhou County”.

（6）2018年7月20—23日，谭宏伟、黄诚华、杨荣仲、何为中、覃振强、梁阗一行6人参加在黑龙江省哈尔滨市召开的国家糖料产业技术体系2018年成果现场示范交流暨首届中国糖料产业发展技术论坛。

On July 20-23, 2018, Prof. Hong-wei Tan, Cheng-hua Huang, Rong-zhong Yang, Wei-zhong He, Zhen-qiang Qin and Tian Liang participated in the on-site demonstration of the achievements of the 2018 National Sugar Industry Technology System and the 1st China Sugar Industry Development Technology Forum, held in Harbin, Heilongjiang Province.

（7）2018年9月12—16日，谭宏伟研究员率队参加了在四川省成都市举行的“2018年甘蔗提质增效关键技术培训班”。

On September 12-16, 2018, Prof. Hong-wei Tan led a team to participate in the “2018 Sugarcane Quality Improvement and Key Technology Training Course” held in Chengdu, Sichuan Province.

（8）2018年10月15—16日，李杨瑞、王维赞、刘昔辉、周会、宋修鹏、张保青、陈荣发、黄杏、黄玉新、杨翠芳、贤武、谭芳、刘俊仙、刘丽敏、李毅杰、王泽平、汪淼等参加在江苏省扬州召开的2018中国作物学会学术年会。

From October 15-16, 2018, Yang-rui Li, Wei-zan Wang, Xi-hui Liu, Hui Zhou, Xiu-peng Song, Bao-qing Zhang, Rong-fa Chen, Xing Huang, Yu-xin Huang, Cui-fang Yang, Wu Xian, Fang Tan, Jun-xian Liu, Li-min Liu, Yi-jie Li and Ze-ping Wang, attended the 2018 Annual Conference of the Crop Science Society of China in Yangzhou, Jiangsu Province.

（9）2018年10月15—18日，吴建明、杨柳赴安徽省农业科学院园艺研究所进行学术交流。

On October 15-18, 2018, Jian-ming Wu and Liu Yang visited the Horticultural Research Institute, Anhui Academy of Agricultural Sciences for academic exchange.

（10）2018年10月31日至11月2日，吴建明、黄东亮、王维赞、何为中、刘昔辉、庞天、梁阗、罗亚伟、唐仕云、周慧文、覃文宪、张保青、刘红坚一行13人赴云南省农业科学院甘蔗研究所交流。

From October 31st to November 2nd, 2018, Jian-ming Wu, Dong-liang Huang, Wei-zan Wang, Wei-zhong He, Xi-hui Liu, Tian Pang, Tian Liang, Ya-wei Luo, Shi-yun Tang, Hui-wen Zhou, Wen-xian Qin, Bao-qing Zhang and Hong-jian Liu, visited the Sugarcane Research Institute, Yunnan Academy of Agricultural Sciences for academic exchange.

（11）2018年12月18—23日，国家糖料产业技术体系2018年终考评会议于在广西南宁市召开。谭宏伟、杨荣仲、黄诚华参加，谭宏伟代表广西片区、甘蔗栽培试验室和甘蔗宿根栽培岗位团队报告了2018年工作任务完成情况。

On December 18-23, 2018, the 2018 Final Evaluation Meeting of National Sugar Industry Technology System was held in Nanning, Guangxi. Hong-wei Tan, Rong-zhong Yang and Cheng-hua Huang participated in the meeting. Prof. Hong-wei Tan reported on the completion of the work tasks in 2018 on behalf of the Guangxi area, sugarcane cultivation laboratory and sugarcane ratoon cultivation team.

4.2 国内外专家来实验室进行学术交流 Academic Exchange Activities with Foreign and Domestic Visitors in Laboratory

（1）2018年1月26日，国家糖料产业技术体系甘蔗宿根栽培岗位团队与崇左市桂中白蚁防治有限公司签订科技合作协议。

The scientific and technological cooperation agreement between the sugarcane ratoon cane cultivation team of the National Sugar Industry Technology System and the Chongzuo Guizhong Termite Control Co., Ltd, was signed on January 26, 2018.

（2）2018年3月15日，中国中轻国际控股公司党委副书记、副总经理田美一行3人到广西农业科学院甘蔗研究所和实验室考察交流。

Mei Tian, Deputy General Manager and Deputy Secretary of the Party Committee of China Light International Holdings Co., Ltd. led a team to visit the Sugarcane Research Institute and Key Laboratory of Sugarcane Biotechnology and Genetic Improvement, Guangxi Academy of Agricultural Sciences on March 15, 2018.

（3）2018年5月25日，泰国发展研究所所长Nipon Poapongsakom博士及东亚集团总裁林家乐、副总裁钟植友等到广西农业科学院甘蔗研究所考察交流。

Dr. Nipon Poapongsakom, Director of the Development Institute of Thailand, Jia-le Lin, President of East Asia Group, and Zhi-you Zhong, Vice President visited Sugarcane Research Institute and Key Laboratory of Sugarcane Biotechnology and Genetic Improvement, Guangxi Academy of Agricultural Sciences on May 25, 2018.

（4）2018年6月27日，中粮糖业集团制糖部总经理卢世强一行3人到广西农业科学院甘蔗研究所座谈交流。

Shi-qiang Lu, General Manager of the Sugar Department of COFCO Sugar Group, and his team visited Sugarcane Research Institute and Key Laboratory of Sugarcane Biotechnology and Genetic Improvement, Guangxi Academy of Agricultural Sciences for academic exchange on June 27, 2018.

(5) 2018年8月29日，广西甘蔗生产服务有限公司董事长何忠一行来广西农业科学院甘蔗研究所交流。

The chairman of Guangxi Sugarcane Production Service Co., Ltd. Zhong He and his team visited Sugarcane Research Institute and Key Laboratory of Sugarcane Biotechnology and Genetic Improvement, Guangxi Academy of Agricultural Sciences On August 29, 2018.

(6) 2018年8月29日，越南农业部甘蔗糖业代表团一行15人到广西农业科学院甘蔗研究所进行考察交流。

A sugarcane industry delegation of 15 members from the Ministry of Agriculture, Vietnam visited Sugarcane Research Institute and Key Laboratory of Sugarcane Biotechnology and Genetic Improvement, Guangxi Academy of Agricultural Sciences on August 29, 2018.

(7) 2018年9月6日，柳城县委副书记罗长青、副县长王融莉带领县农业局、甘蔗研究中心一行11人，就农业发展、甘蔗研究基地创建工作等问题到广西农业科学院甘蔗研究所交流。

Chang-qing Luo, Deputy Secretary of Liucheng County Party Committee, and Rong-li Wang, Vice Mayor of the County, led 11 people from the County Agriculture Bureau and Sugarcane Research Center visited Sugarcane Research Institute and Key Laboratory of Sugarcane Biotechnology and Genetic Improvement, Guangxi Academy of Agricultural Sciences to discuss the issues on agricultural developments and the establishment of sugarcane research bases in Liucheng on September 6, 2018.

（8）2018年9月25日 至10月1日，伊朗甘蔗和副产品开发公司昆虫专家Amin Nikpay博士应邀到广西农业科学院甘蔗研究所进行访问。

Dr. Amin Nikpay, an insect expert from Iranian Sugarcane and By-product Development Corporation, invited Sugarcane Research Institute and Key Laboratory of Sugarcane Biotechnology and Genetic Improvement, Guangxi Academy of Agricultural Sciences from September 25 to October 1, 2018.

（9）2018年10月1日，武汉大学水资源与水电工程科学国家重点实验室史良胜教授到广西农业科学院甘蔗研究所考察交流。

Professor Liang-sheng Shi from the State Key Laboratory of Water Resources and Hydropower Engineering Science, Wuhan University visited Sugarcane Research Institute and Key Laboratory of Sugarcane Biotechnology and Genetic Improvement, Guangxi Academy of Agricultural Sciences on October 1, 2018.

5 甘蔗科研进展

PROGRESS IN SUGARCANE RESEARCH

5.1 甘蔗种质创新与育种 Sugarcane Germplasm Innovation and Breeding

5.1.1 甘蔗种质创新 Sugarcane Germplasm Innovation

斑割复合体BC_1材料性状的遗传变异与相关分析

探讨斑茅割手密复合体后代叶片性状与单茎性状的关系，为挖掘斑茅、割手密农艺性状的优异基因提供理论依据。对斑茅割手密复合体GXASF108-2-28 分别与甘蔗品系 GT05-164 和 GT05-3279 杂交获得的 BC_1 后代及亲本共 15 个材料伸长期蔗叶性状（绿叶数、总叶数和绿叶面积）和单茎性状（株高、茎径和单茎重）进行比较分析。结果表明，两个组合后代在绿叶数、株高、茎径及单茎重上都有超越双亲或亲本之一的优势（图1）。绿叶面积在 6 个数量性状中遗传变异最大，且与株高和单茎重呈极显著正相关，其可作为斑割后代产量相关性状的间接选择指标。聚类分析表明，16 份材料可以分为4大类，Ⅰ类材料 12-A6-1 、12-A6-3 、12-A6-5 、12-A6-25 和12-A6-27 绿叶面积大，总体表现较佳，是进一步研究利用的重点材料。

（黄玉新，张保青，周珊，杨翠芳，高轶静，段维兴，李杨瑞，张革民[*]）

Genetic variation and correlation analysis of characters in BC_1 progeny of intergeneric hybrid (*Erianthus arundinaceus* × *Saccharum spontaneum*)

Six agronomic traits in the elongation stage including the number of green leaves, total leaf number, green leaf area, stalk length, stalk diameter and stalk weight of the fifteen clones of BC_1 progeny from GT05-164×GXASF108-2-28 and GT05-3279×GXASF108-2-28 and their parents, were analyzed in this study. The results showed that the number of green leaves, stalk length, stalk diameter and stalk weight for the progeny were all superior to both or one of parents (Fig.1). The green leaf area had the largest genetic variation, and displayed significant positive correlations with stalk length and stalk weight, which could be used as an indirect index for yield analysis. Moreover, the cluster analysis identified 4 groups. 12-A6-1, 12-A6-3, 12-A6-5, 12-A6-25 and 12-A6-27 in the first class had large green leaf area and could be taken as the key materials for further research and utilization. The results of this study provided references for the evaluation and screening of the progeny of intergeneric hybrid (*Erianthus arundinaceus* × *Saccharum spontaneum*).

(Yu-xin Huang , Bao-qing Zhang, Shan Zhou , Cui-fang Yang , Yi-jing Gao, Wei-xing Duan, Yang-

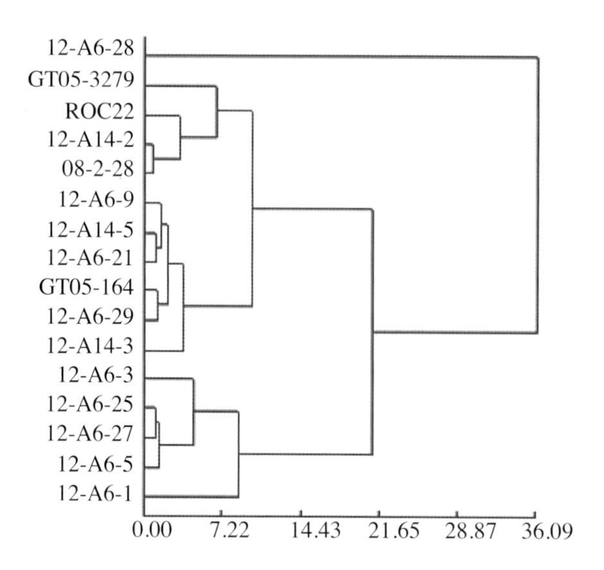

图1 斑割复合体BC_1材料聚类分析

Fig.1 Cluster analysis of BC_1 materials from the crosses between sugarcane (Saccharum spp.) and intergenetic hybrid

rui Li, Ge-min Zhang*)

甘蔗常用亲本黑穗病抗性初步调查

为明确甘蔗常用亲本宿根黑穗病的发生情况及品种抗性，2017 年对广西农业科学院甘蔗研究所海南杂交基地的 401 个常用亲本一年宿根的黑穗病发生情况进行初步调查和抗性评价。结果表明，有 219 份常用亲本材料表型为高抗（占 54.6 %），109 份材料表现为抗病（占 27.2 %），51 份材料表现为中抗（占 12.7 %），20 份材料表现为感病，2 个材料表现为高感；国内引进亲本对甘蔗黑穗病抗性达抗病（R）及以上抗性水平的占 90.7 %，抗病性表现最优，国外引进亲本和区内自育品种（系）的抗病性水平相当。该调查结果为杂交亲本的选用和新品种的推广提供依据。

（雷敬超，张保青，高丽花，唐仕云，经艳，周珊，高轶静*）

Preliminary Survey on Smut Disease of Commonly-used Sugarcane Parents

In order to evaluate the smut occurrence and resistance of commonly -used parents ratoon of sugarcane , preliminary survey of 401 one-year ratoon of parents was carried out at Hainan Sugarcane Crossing Station of Sugarcane Research Institute, Guangxi Academy of Agricultural Sciences in 2017. The results showed that the 219 parents were high resistant to smut (accounting for 54.6%); 109 parents were resistant (accounting for 27.2%); 51 parents were moderately resistant (accounting for 12.7%); 20 parents were sensitive and 2 parents were high sensitivity. 90.7% of the imported parents' resistance to sugarcane smut reached the level of resistance and above, which was higher than that of parents from abroad or self-bred. The resistance level showed no significant differences between the parents from abroad and self -bred. The survey provides a basis for the selection of hybrid parents and the extension of new varieties.

(Jing-chao Lei, Bao-qing Zhang, Li-hua Gao, Shi-yun Tang, Yan Jing , Shan Zhou, Yi-jing Gao *)

甘蔗及其近缘属倍性鉴定与分析

为提高甘蔗遗传改良效率提供基础，探明甘蔗及其近缘属、栽培种的倍性，本研究利用流式细胞术，首次对甘蔗及其近缘属的倍性进行了系统分析鉴定。结果表明，甘蔗属的热带种倍性为 8 和 10，其中典型热带种拔地拉倍性为 8、非典型热带种卡拉华倍性为 10；印度种倍性为 8 和 16.8，其中芒高为 8、盘沙鞋为16.8；中国种育巴和芦蔗倍性分别为 9.8 和 10；细茎野生种倍性范围为 6.3 ~ 9.2，主要倍性约等于 8，大茎野生种倍性为 14.4。甘蔗近缘属的蔗茅属倍性范围在 3.3 ~ 7.9 之间，其中斑茅倍性范围在 7.1 ~ 7.9 之间，滇蔗茅倍性为3.3 和 3.8；芒属倍性有 1.4 和 4.8 两种类型；河八王属倍性范围在 3.6 ~ 5.2 之间。甘蔗杂交品种倍性较高，在8.2 ~ 12.3 之间，其中以倍性 9 ~ 10 为主。首次系统性探明甘蔗及其近缘属、栽培种的倍性，倍性最低的为芒属的芒，其倍性为 1.4；倍性最高的是印度种的盘沙鞋，为 16.8，说明甘蔗是一种遗传背景复杂的非整倍体植物。研究结果可用于指导甘蔗杂交组合的配置。

（刘昔辉，张荣华，桂意云，韦金菊，区惠平，段维兴，黄东亮*，李杨瑞*）

Ploidy Identification of *Saccharum* L. and Its Related Genera

The study was conducted for ploidy identification of Saccharum officinarum L. and its related genera in order to provide references for the improvement of sugarcane breeding efficiency and investigate the multiplication of sugarcane and its related genera and cultispecies. The ploidy of Saccharum L. and its related genera was identified by using flow cytometry for the first time. The results showed that the ploidy of tropical species of *S.officinarum* was 8 and 10, which was 8 in typical tropical species Badila and 10 in atypical tropical species Kala Wa. The ploidy of *S. barberi* was 8 and 16.8, which was 8 in Mungo and 16.8 in Pansahi. The ploidy of Uba and Luzhe of *S. sinense* was 9.8 and 10, respectively. The ploidy range of *S. spontaneum* was 6.3~9.2 and most of them were about 8. The ploidy of *S. robustum* was 14.4. There were 3.3~7.9 of ploidy in Erianthus Michx which was the related genera of Saccharum L., in which the ploidy of Erianthus arundinaceus was from 7.1 to 7.9 and Erianthus rockii had the ploidy of 3.3 and 3.8. Miscanthus Anderss had two kinds of ploidy (1.4 and 4.8) and the ploidy scope was 3.6~5.2 in Narenga Bor. The ploidy of hybrid cultivars was relatively higher, which was 8.2~12.3, and 9~10 was the most common. The ploidy of sugarcane and its related genera and cultispecies was systematically investigated for the first time, and the lowest was the Mun in Miscanthus Anderss with 1.4 and the highest ploidy was in Pansahi with 16.8, indicating that sugarcane was an aneuploid plant with complex genetic background. The research results could be applied to guide the configuration of sugarcane hybrid combinations.

(Xi-hui Liu, Rong-hua Zhang, Yi-yun Gui, Jin-ju Wei, Hui-ping Ou, Wei-xing Duan, Dong-liang Huang*, Yang-rui Li*)

甘蔗与河八王杂交 BC_1 对黑穗病的抗性鉴定与初步评价

为研究甘蔗与河八王杂交 BC_1 品系（$SNBC_1$）对黑穗病的抗性水平，以广西蔗区甘蔗黑穗病混合孢子粉为接种源，利用人工浸渍接种与自然感病相结合的方法，对河八王 BC_1 、黑穗病鉴定对照品种及亲本共 38 个材料进行黑穗病抗性鉴定（图2）。通过观测发病潜伏期、持续发病期、接种发病率、自然发病率这4个病情参数，结合对照品种的抗性表现，评价参试品系的抗性，并通过系统聚类分析验证。结果表明4个病情参数之间的相关性达极显著水平：$SNBC_1$品系中：未发病品系7个，占18.42%；高抗（HR）的品系15个，占39.47%；抗（R）品系3个，占7.89%；中感（MS）品系有3个，占7.89%；感（S）品系有2个，占5.26%。系统聚类分析结果与$SNBC_1$材料的抗性表现一致。

（段维兴，张保青，周珊，黄玉新，王泽平，高轶静，杨翠芳，林善海，张革民*）

Identification and preliminary evaluation of smut resistance in BC_1 hybrids derived from *Saccharum* L. × *Narengaporphyrocoma* (Hance) Bor

Aiming to prompt smut resistance levels in *Saccharum* L.× *Narenga porphyrocoma* (Hance) Borhybrid BC_1,using a mixed spores of Sporisorium scitamineum collected in main sugarcane-producing areas in Guangxi Province as inoculum, and a method combining dipping inoculation with natural infection, smut resistance identification was carried out on 38 BC_1 hybrid and control (Fig.2). Four disease parameters including the latent infection period, the sustained disease duration, the inoculation incidence, and the natural incidence, were compared with the smut resistant performance of control. The smut resistance of testing varieties was comprehensively evaluated. Further test was conducted by means of systemic cluster analysis. The results showed that: The correlations between four parameters were significant different at 0.01 levels. In $SNBC_1$ hybrid combination, there were 7 varieties failed

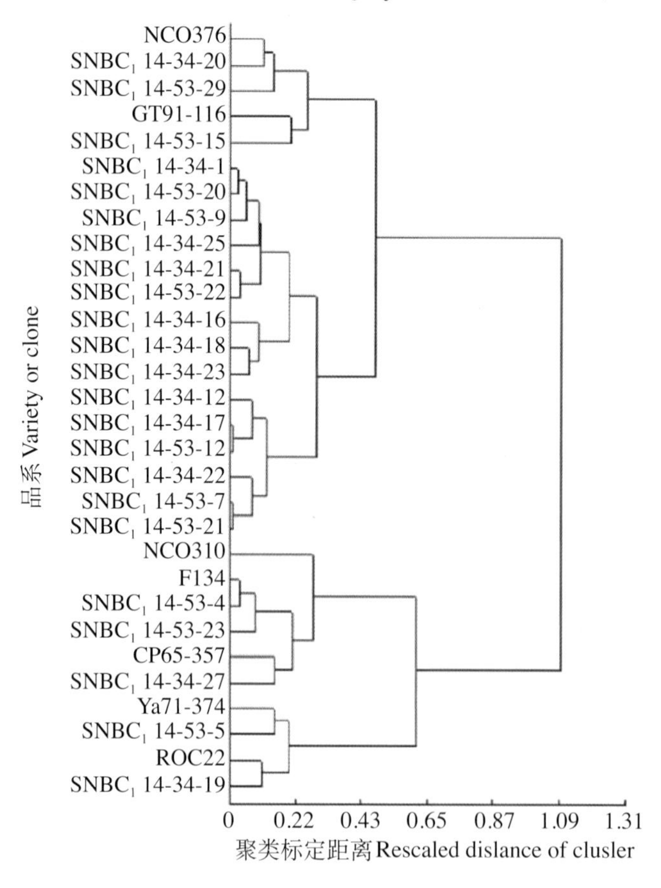

图2 甘蔗与河八王杂交$SNBC_1$对黑穗病抗性的聚类分析结果

Fig.2 Cluster analysis of smut resistance in *Saccharum* L. × *Narenga porphyrocoma* (Hance) Bor hybrid $SNBC_1$

to infected smut, accounting for 18.42 % ; A total of 15 varieties were highly resistant to smut (HR), accounting for 39.47% ; Three varieties were resistant to smut (R), accounting for 7.89 % ; Three varieties were of the middle sensitivity to smut(MS),accounting for 7.89% ; Two varieties were sensitive to smut (S) accounting for 5.26% .The clustering analysis matched the resistance performance of tested $SNBC_1$ hybrid in field.

(Wei-xing Duan, Bao-qing Zhang, Shan Zhou , Yu-xing Huang, Ze-ping Wang, Yi-jing Gao, Cui-fang Yang, Shan-hai Lin , Ge-min Zhang*)

5.1.2 甘蔗高效育种 Efficient Sugarcane Breeding

Breeding and Evaluation of a New Sugarcane Variety, Guitang 46

Guitang 46 is an excellent sugarcane variety bred by the Sugarcane Research Institute of Guangxi Academy of Agricultural Sciences under the " Five-Nursery" breeding program through regional trials and production experiments, which exhibits high yield, stable yield, and various excellent characters such as medium maturing, high sucrose content, good ratoon ability, more effective stems, uniform growth and strong resistance to smut. Moreover, Guitang 46 has strong lodging resistance and good defoliation ability, which is suitable for both mechanical management and harvesting, and manual operations. Therefore, Guitang 46 is a new variety with high promotion potential. In June 2015, Guitang 46 was approved by Guangxi Crop Variety Approval Committee [GSZ2015001]. At present, Guitang 46 has been cultivated within a certain area.

(Yu-chi Deng *, Lun-wang Wang, Hai-rong Huang, Yan Jing, Fang Tan, Shi-yun Tang, Xiang Li , Wu Xian, Zhong-feng Zhou)

甘蔗品种桂糖42号的种性及其高产稳产性分析与评价

对甘蔗品种桂糖 42 号的种性及其高产稳产性进行分析与评价，为其大面积推广应用提供参考依据。以可代表广西蔗区 70% 土壤类型的金光农场为试验地点，选择高、中、低3种不同土壤类型的地块，以新台糖22号（ROC22）为对照，连续进行桂糖 42 号 4 年新植3年宿根共 30 点次的生产性试验；试验期间调查其主要农艺性状、抗性及产量表现，并采用高稳系数与变异系数相结合的方法分析其高产稳产性。桂糖 42 号新植蔗的萌芽率和茎径与 ROC22 接近，分蘖率、单位面积苗数和有效茎数高于 ROC22，但差异均不显著（$P>0.05$，下同），株高则显著低于 ROC22（$P<0.05$，下同）。宿根蔗的株高略高于ROC22，茎径与ROC22 相当，单位面积苗数和有效茎数较ROC22有明显优势，与ROC22的差异达显著或极显著（$P<0.01$，下同）水平。桂糖 42 号抗螟虫和抗梢腐病能力与 ROC22 相当，抗黑穗病、抗倒伏能力及抗旱性强于 ROC22 。新植蔗和宿根蔗的平均蔗糖分为 14.95 %～15.36 %，均高于 ROC22，但差异未达显著水平。1 ～ 3年宿根蔗茎产量和糖蔗产量分别比ROC22 增产 28.86 % ～ 62.93 % 和 28.98 % ～ 63.03 %，其中第 3 年宿根仍有较高的蔗茎产量和蔗糖产量，分别达 80.02 t/hm^{2}和 12.32 t/hm^2，4 新 3 宿的平均蔗茎产量和蔗糖产量分别达 95.32 t/hm^{2}和 14.43 t/hm^2，比 ROC22 极显著增产 18.38 % 和 18.86 % 。从高稳系数和变异系数来看，桂糖 42 号新植蔗的产量稳定性较 ROC22 略差，但宿根蔗和新宿平均的产量稳定性较高，较 ROC22 有

明显优势。桂糖 42 号在广西金光农场表现出高产高糖、宿根性强、抗旱性好、脱叶性好及抗倒性强等诸多优良特性，适宜在广西及国内相同土壤类型蔗区进一步推广种植。

（邓宇驰，王伦旺*，王泽平，黄海荣，贤武）

Analysis and evaluation for varietal characteristics and high yield stability of sugarcane variety Guitang 42

Varietal characteristics and high yield stability of sugarcane variety Guitang 42 were evaluated to provide scientific reference for large area planting of it. Representing 70% soil types in Guangxi sugarcane area, Jinguang Farm was selected as experiment site. High, medium and low soil types were chosen, and sugarcane cultivar ROC22 was as control. A total of 30 productive trials were conducted in 4-year planting seedlings and 3-year ratoon seedlings of Guitang 42. Main agronomic traits, resistance and yield of Guitang 42 were investigated during the trial period, and its productivity and yield stability was evaluated by the high stability coefficient and coefficient of variation. For new planting seedlings, germination rate and stalk diameter of Guitang 42 were close to ROC22, but tillering rate, seedling number per unit area and effective stalk of Guitang 42 were higher, without significant difference($P>0.05$, the same below). Seedling height of Guitang 42 was significantly($P<0.05$, the same below)shorter than ROC22. In terms of ratoon crops, seedling height of Guitang 42 was slightly higher than ROC22, stalk diameter was close to ROC22, seedling number per unit area and effective stalk were greatly higher, with significant or extremely significant($P<0.01$, the same below)difference. The resistance to borer and pokkah boeng disease of Guitang 42 were similar to ROC22, the resistance to smut, lodging resistance and drought resistance were all stronger than ROC22. Average sucrose content of planting seed lings and ratoon seedlings were 14.95 % ~15.36 % , which was higher than ROC22, but the difference was insignificant. Average of cane yield and sucrose yield of 1-year to 3-year ratoon seedlings increased 28.86 % ~ 62.93 % and 28.98 % ~63.03 % than ROC22. Especially in the 3-year ratoon seedling, cane yield and sugar yield reached 80.02 t/hm^2 and 12.32 t/hm^2. Average of cane yield and sugar yield of 4-year plant seedlings and 3-year ratoon seedlings increased extremely significantly 18.38% and 18.86% than ROC22 and reached 95.32 t/hm^2 and 14.43 t/hm^2. In terms of high stability coefficient and coefficient of variation, sugarcane yield stability of Guitang 42 new plating seedlings was slightly worse than ROC22, but its yield stability of ratoon seedlings and average new planting seedlings had obvious advantages over ROC22. Guitang 42 is characterized by high yield, high sucrose, strong ratoon ability, high drought resistance, easy defoliation and good lodging resistance, which is suitable for further promotion in sugarcane planting areas of Guangxi and even China with the same soil types.

(Yu-chi Deng, Lun-wang Wang*, Ze-ping Wang, Hai-rong Huang , Wu Xian)

甘蔗新品种桂糖51号的选育

桂糖 51 号（试验代号：桂糖 06-1023）是广西壮族自治区农业科学院甘蔗研究所以 ROC20 为母本、崖城 71-374 为父本进行有性杂交，采用“五圃制”常规育种技术选育而成的甘蔗新品种。多年试验结果表明，该品种出苗好、宿根发株多、分蘖力强，有效茎数多，中大茎，具有早熟、高糖、高产稳产、宿根性好、易脱叶、抗倒性强、适应性广等诸多优良特性。在2014—2015年广西区域试验中，桂糖51号2年新植1年宿根平均蔗茎产量（102.66 t/hm^2）比对照ROC22增产2.49%，平均蔗糖产量（14.46 t/hm^2）比对照增产5.17 %；其中宿根蔗优势明显，蔗茎产量（108.74 t/hm^2）比对照增产12.25%，蔗糖产量（15.59 t/hm^2）比对照增产17.67%；平均蔗糖分（14.09%）比对照高0.36%（绝对值）。桂糖51号适宜在土壤疏松，中等以上肥力的蔗区种植。

（邓宇驰，王伦旺*，经艳，唐仕云，李翔，谢金兰，雷敬超，谭芳）

Breeding of a New Sugarcane Variety Guitang 51

Using ROC20 as female parent and Yacheng 71-374 as male parent, the new variety Guitang 51(test code: Guitang 06-1023)was bred systematically through sexual hybridization and "Five-nursery System" breeding procedure by Guangxi Sugarcane Research Institute. Multiple -year results showed that Guitang 51 had the following good characteristics: high emergence rate, high ratooning rate, strong tillering ability, mid-to large stem; early maturity, high sugar content, high and stable yield, good ratoon ability, easy defoliating leaves at maturity, resistance to lodging and wide adaptability. In Guangxi regional trials from 2014 to 2015, the average yields of cane and sugar were 102.66 t/hm^2 and 14.46 t/hm^2, compared with control variety (ROC22), which were increased by 2.49% and 5.17% , respectively; Guitang 51 had obvious advantages over ROC22 in the ratoon seedling especially, it's cane yield and sugar yield reached 108.74 t/hm^2 and 15.59 t/hm^2, which were increased by 12.25 % and 17.67 % compared with control variety (ROC22), respectively; the sucrose content was 14.09% higher 0.36% (absolute value) than that of the control variety. Guitang 51 is suitable for planting in sugarcane area with loose soil and medium or above fertility.

(Yu-chi Deng, Lun-wang Wang*, Yan Jing, Shi-yun Tang, Xiang Li, Jin-lan Xie, Jing-chao Lei, Fang Tan)

广西蔗区甘蔗品种结构优化的途径及思考——以金光农场为例

广西农垦国有金光农场近年来在优化甘蔗品种结构方面做了大量的工作，通过分析其采取的措施、取得的成效、存在的问题等，对广西蔗区甘蔗品种结构优化的途径提出建议：应加大甘蔗新品种选育力度，转变育种思路与目标，加强政策引导，加大优良新品种引进、筛选试验与示范推广的力度，加强良种繁育体系建设，并制定甘蔗优良新品种在当地的配套高产栽培技术。

（邓宇驰，王伦旺*，韦金凡，贤武，经艳）

Optimizing the structure of the sugarcane area of guangxi sugarcane varieties ways and thinking—exampled with Jinguang Farm

In recent years, Jinguang Farm has performed quite well in optimizing sugarcane variety structures. We summarized the measures, achievements and existing weakneeds, and gave suggestions to improve the sugarcane variety structure in Guangxi. That is, working harder in new sugarcane variety breeding, setting breeding thinking and aims, paying more attention to the instruction, screening and demonstration of new sugarcane varieties, improving elite variety propagation system construction, and developing the related cultivation techniques under local condition.

(Yu-chi Deng , Lun-wang Wang*, Jin-fan Wei, Wu Xian, Yan Jing)

甘蔗新品种桂糖48号的选育及其种性分析

桂糖48号是以湛蔗92 - 126为母本，CP72 - 1210为父本，进行有性杂交，经过五圃制和区域试验的途径育成的甘蔗优良新品种。历年试验结果显示，桂糖48号出苗好、分蘖率中等、宿根性好，高抗黑穗病和梢腐病，中早熟、高糖、高产，蔗株直立、中大茎，易脱叶，抗倒能力较强，适合机械化生产。在2013 — 2014年广西甘蔗区域试验中，桂糖48号平均产蔗量为95.94 t/hm^2，较对照新台糖22号增产1.52 %。11月至翌年2月份平均蔗糖分为14.66 %，比对照新台糖22号高0.41个百分点，平均产糖量为14.67 t/hm^2，较对照新台糖22号增产4.44 %。桂糖48号于2015年7月通过广西壮族自治区农作物品种审定委员会审定，可在广西和国内其他与其相类似的蔗区推广应用，也可作为抗病的高糖优良亲本，用于甘蔗杂交育种研究。

（王伦旺*，黄海荣，李翔，经艳，邓宇驰，贤武，谭芳，唐仕云）

Breeding and characteristic analysis of new sugarcane variety GT48

GT 48 was bred by hybrid breeding with the parents ZZ92-126 × CP72-1210. Based on the experiments, GT48 characterized good germination, medium tillering, good ratoon, strong resistance to smut and Pokkah boeng disease, intermedium to early ripening, high sugar, high yield, erect plant, medium to large stalk, easy detachment, and good lodge resistance. In Guangxi regional trials from 2013—2014, it recorded average cane yield 95.94 t/hm^2 with 1.52% higher than ROC22; average sucrose content 14.66 from November to March with 0.41% (absolute value) higher than ROC22; average sugar yield 14.67 t/hm^2 with 4.44 % higher than ROC22. GT48 was released in July 2015 by Guangxi Crop Variety Examination and Approval Committee, good for application in Guangxi and other similar sugarcane areas, and as disease resistant high sugar parent for hybrid breeding.

(Lun-wang Wang*, Hai-rong Huang, Xiang Li, Yan Jing, Yu-chi Deng, Wu Xian, Fang Tan, Shi-yun Tang)

桂糖43号和桂糖44号在蔗区示范种植表现

桂糖43号和桂糖44号是广西农业科学院甘蔗研究所选育的甘蔗优良新品种，根据广西区域试验结果，两个品种的产量、糖分和宿根性表现均优于对照新台糖22号；2016—2017年榨季和2017—2018年榨季桂糖43号和桂糖44号分别累计种植面积4 713.3 hm^{2}和34 746.7 hm^2；2017年在崇左扶绥、金光农场、桂中农场示范种植，两个品种的平均产量均高于105 t/hm^2。

（庞天，张荣华，周慧文，李海碧，邓智年*，王维赞*，吴杨）

Performances of GT43 and GT44 in sugarcane area demonstration planting

GT43 and GT44 are the new sugarcane varieties bred by Sugarcane Research Institute, Guangxi Academy of Agricultural Science. In regional trials, their cane yield, sucrose content and ratoon ability showed better the control ROC22. They were planted for 4 713.3 hm^2 and 34 746.7 hm^2 in 2016/2017 and 2017/2018 milling seasons, respectively. In 2017, the average cane yield of the two varieties was higher than 105 t/hm^2 in Fusui, Jinguang Farm and Guizhong farm.

(Tian Pang, Rong-hua Zhang, Hui-wen Zhou, Hai-bi Li, Zhi-nian Deng*, Wei-zan Wang*, Yang Wu)

桂糖系列甘蔗新品种（系）比较试验

为筛选出适合广西甘蔗主产区的甘蔗新品种(系)，为广西500万亩双高糖料蔗基地实现良种化提供参考，以广西主栽甘蔗品种新台糖22号为对照，对拥有自主知识产权的12个桂糖系列甘蔗新品种(系)在崇左蔗区进行比较试验，并对其进行综合性状评价。结果13个品种(系)中，桂糖42号、桂糖07/94、桂糖08/120、桂糖08/1533、桂糖47号等品种表现出分蘖好、有效茎多、产量高等优势，适宜在崇左蔗区双高糖料蔗基地推广应用。

（甘崇琨，陈荣发，范业赓，黄杏，张荣华，雷劲超，李杨瑞，丘立杭*，吴建明*）

Comparative Trial of GuiTang Sugarcane Varieties (Lines)

To select the new sugarcane varieties (Lines) that were suitable for planting in main sugarcane producing areas in Guangxi. ROC22 (CK) were as the controls, which were the main planting sugarcane varieties in Guangxi. The comparative test of 12 new sugarcane varieties (Lines) were conducted in Chongzuo. In all of 10 varieties (Lines), GT42, GT07/94, GT 08/120, GT08/1533 and GT47 showed the good performance with high yield, stability yield, good tillering and more millable stalks. These varieties were suitable application in region of the base of high yield and sugar content of sugarcane in Chongzuo.

(Chong-kun Gan, Rong-fa Chen, Ye-geng Fan, Xing Huang, Rong-hua Zhang, Jing-chao Lei, Yang-rui Li, Li-hang Qiu*, Jian-ming Wu*)

5.2 甘蔗栽培及生理 Sugarcane Cultivation and Physiology

5.2.1 甘蔗生理生态研究 Study on Physiology and Ecology of Sugarcane

Changes in Activities of Key Enzymes in Sugarcane Stem at Different Growing Stages

Sugarcane is the most important sugar crop in China, which mainly focuses on the upper stem of the harvested land. The proper regulation of the proportion of internode elongation is the key to determine the yield and sugar (Fig.3). Therefore, it is of great significance to study the mechanism of the dynamic change of elongation between cane joints in order to improve the yield of sugar cane and sucrose. To investigate the biochemical mechanism of stem elongation in sugarcane, stem samples were collected at the pre-elongation stage (9-10 leaves) (Ls1), early elongation stage (12-13 leaves) (Ls2) and rapid elongation stage (15-16 leaves) (Ls3). The change trends in the activities of NAD kinase (NADK), calcium-dependent protein kinase (CDPKs), α-mannosidase, α-galactosidase, β-glucosidase, cellulase, xyloglucan endo-transglycosylase/hydrolase (XTH) and catalase(CAT) were completely consistent, showing rapid elongation stage > early elongation stage > pre-elongation stage, while the activities of β-glucosidase, peroxidase (POD) and α-glucosidase were in opposite, and the activities of calmodulin and β-mannosidase showed the same single-peak trend, and the peak was at early elongation stage. The enzyme activities of β-galactosidase and pectinase did not show significant difference at different stages. The results indicate that the elongation of internodes was closely related to the complex physiological metabolism of sugarcane, and the key enzymes play roles at different time but β-galactosidase and pectinase have little effect on internodes elongation in sugarcane.

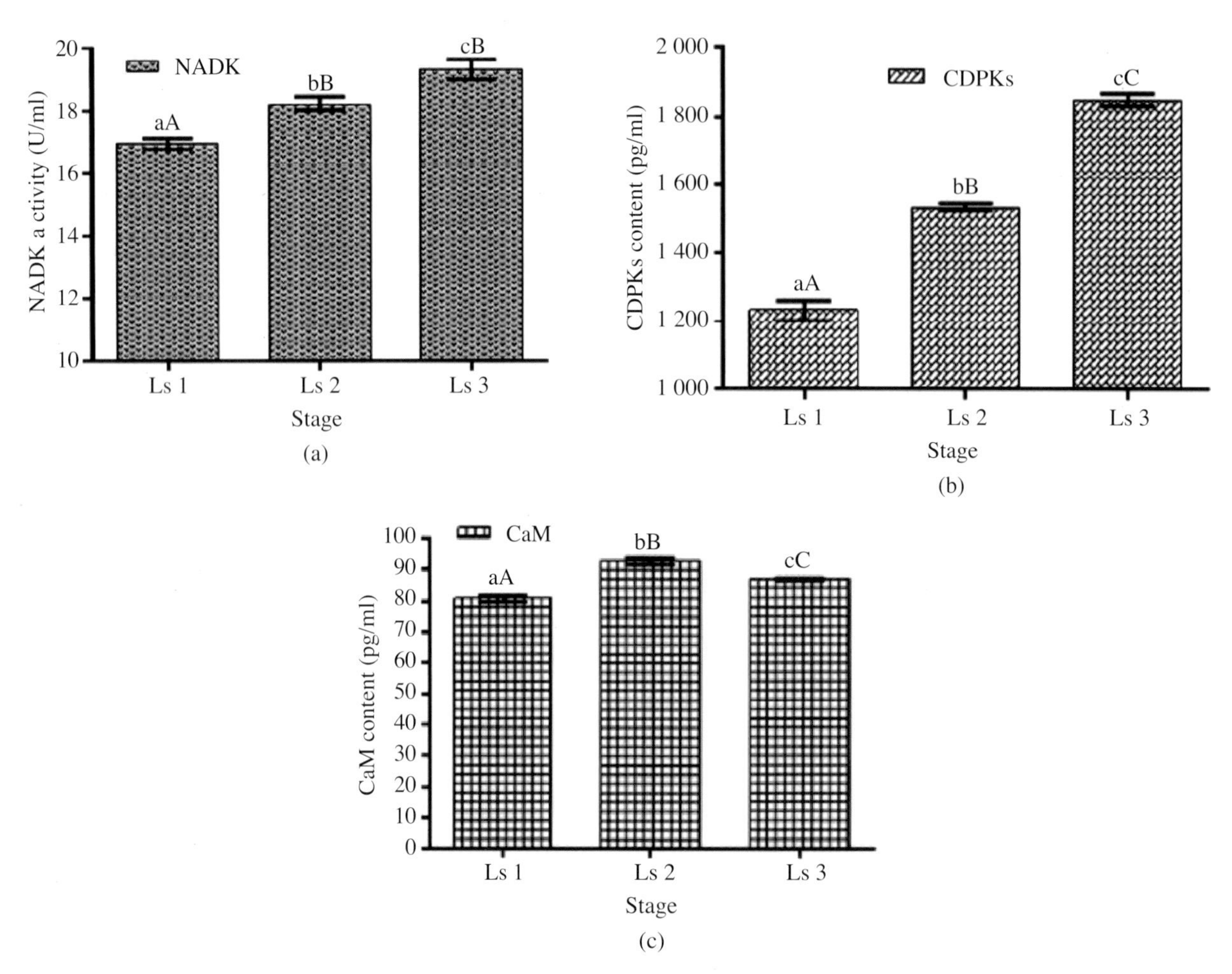

Fig.3 Changes of signal transduction factors NADK (a). CDPKs (b) activity and CaM content (c) in s sugarcane stem at different growing stages.

Note: Ls1: no elongation; Ls2: early elongation; Ls3: elongation stage

(Rong-fa Chen, Xing Huang, Li-hang Qiu, Ye-geng Fan, Rong-hua Zhang, Jin-lan Xie, Jian-ming Wu*, Yang-rui Li*)

Differential Effects of Cold Stress on Chloroplasts Structures and Photosynthetic Characteristics in Cold-Sensitive and Cold-Tolerant Cultivars of Sugarcane

Freezing often results in a significant loss of sugarcane production. An investigation was conducted intwo sugarcane cultivars, GT28 (Guitang 28, cold tolerant) and YL6 (Yuanlin 6, cold sensitive) to understand the cold tolerance mechanisms. The plants at early ripening stage, 245 days after planting,

were exposed to cold stress (0 °C) for 0, 2, 4, and 6 days. The changes in chloroplast structure, microtubule, and physiological parameters under cold stress were determined (Fig.4、Fig.5). The morphology and chloroplast ultrastructure of the cultivar GT28 were observed normal while those of the

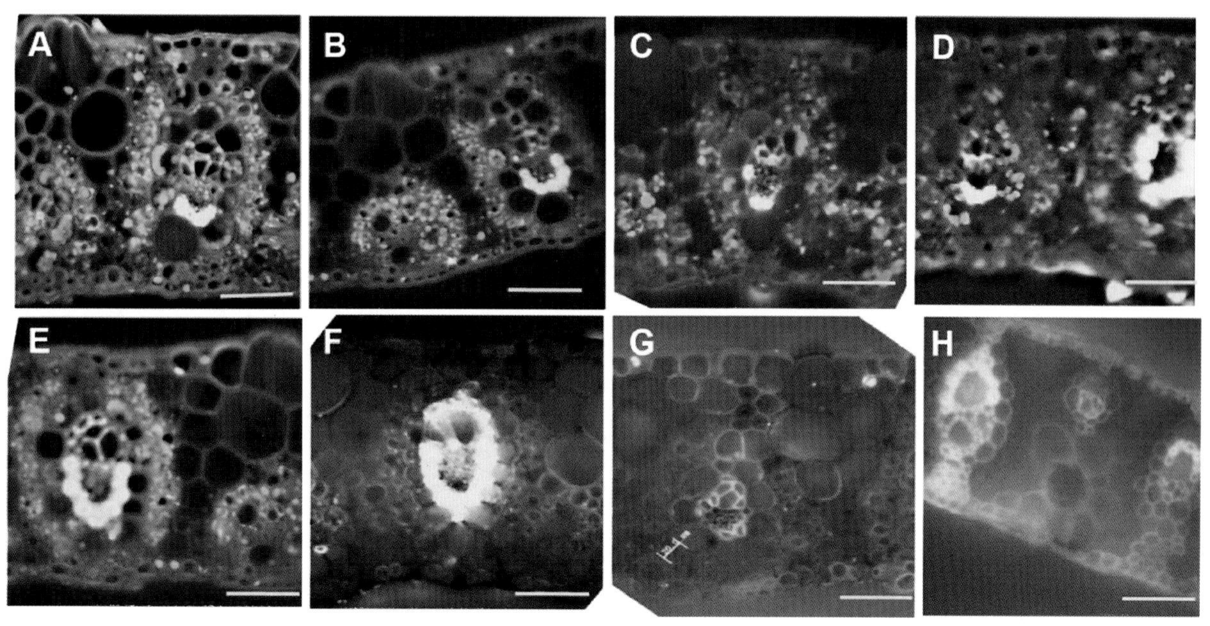

Fig.4 Microtubules in leaves of sugarcane cultivars GT28 and YL6 under cold stress a-d the cultivar GT28 cold stress for 0,2,4 and 6 days respectively, and e-h the cultivar YL6 cold stress for 0,2,4 and 6 days respectively

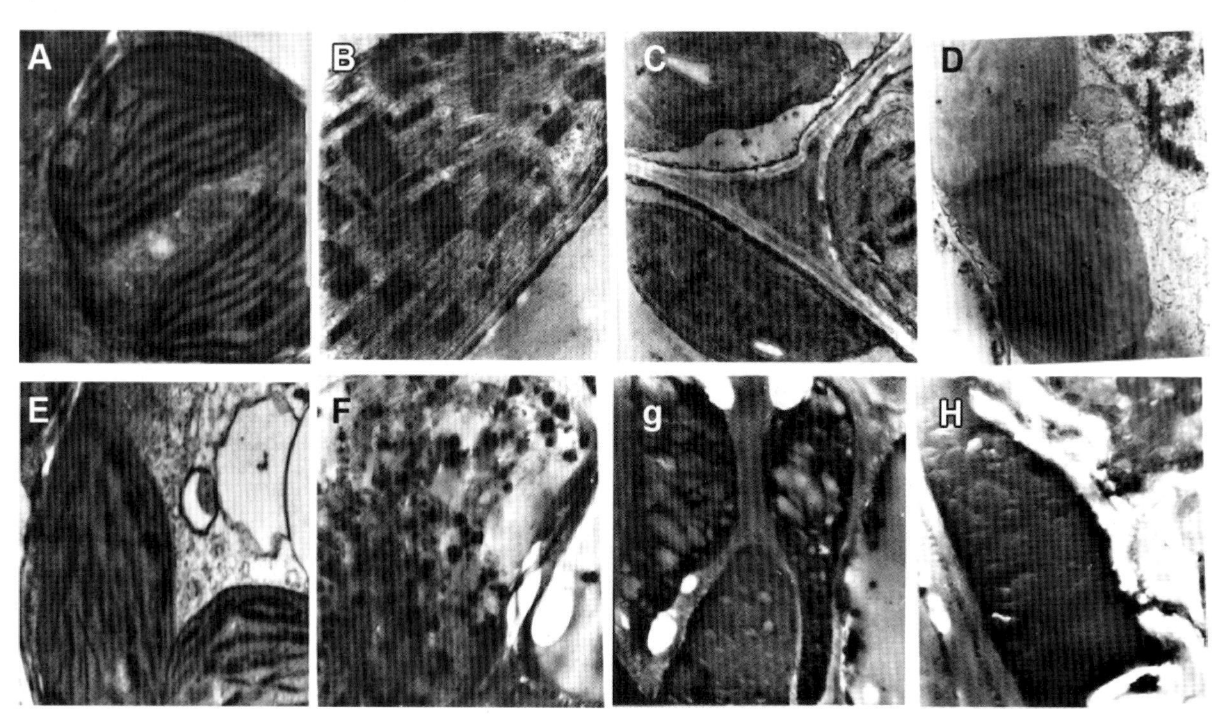

Fig.5 Ultrastructure of chloroplast in sugarcane cultivars GT28 and YL6 under cold stress, a-d the cultivar GT28 cold stress for 0, 2, 4, and 6 days, respectively, and e-h the cultivar YL6 cold stress for 0, 2, 4, and 6 days, respectively

cultivar YL6 was severely damaged and accumulation of starch grains in chloroplasts was evident under cold stress. At the beginning of cold stress, the microtubules in the cultivar GT28 was more obviously depolymerized than those in the cultivar YL6. With extended cold stress, the microtubules in the cultivar YL6 decreased noticeably and the chloroplast membrane became indistinct, while the microtubule fluorescence in the cultivar GT28 was intensified, indicating that the structure of microtubules was reorganized. Consequently, the cultivar GT28 showed a greater photosynthetic activity than YL6 under cold stress. The cold tolerance of the cultivar GT28 appeared to be related to the integrity of chloroplast structure, the stability of microtubule structure, and balanced physiological metabolisms. These results revealed that more stable chloroplast structure and microtubule structure under cold stress are the important physiological foundation of cold-tolerant sugarcane cultivars.

(Su-li Li, Zhi-gang Li*, Li-tao Yang, Yang-rui Li *, Zhen-Li He)

甘蔗叶表蜡质检测及其与农艺性状和抗逆性的相关性分析（表8、表9）

初步筛选适宜的甘蔗叶表蜡质检测方法，并探讨甘蔗野生资源与栽培品系（种）叶表蜡质含量的差异及叶表蜡质与农艺性状、抗逆表现的关系，以期为辅助甘蔗新品种选育提供参考。以39份甘蔗野生材料和12份甘蔗栽培品系（种）为试验材料，测定不同浸提时间和采样部位的甘蔗叶表蜡质含量，并结合农艺性状指标、产量、蔗糖分及抗性指标进行相关分析和聚类分析。氯仿浸提30 s处理的蜡质含量与其他处理差异不显著（P>0.05，下同）。同一甘蔗品系（种）3个叶位间叶表蜡质含量差异不显著，不同甘蔗品系（种）+1叶表蜡质含量差异显著（P<0.05，下同）。39份甘蔗野生材料间叶表蜡质含量差异显著，割手密92_3叶表蜡质含量（18.8 mg/g）最高，割手密87_6②叶表蜡质含量（8.3 mg/g）最低。参试品系（种）GT08-223和GT08-68叶表蜡质含量（均为8.1 mg/g）最高，GT08-13叶表蜡质含量（3.9 mg/g）最低。不同甘蔗材料群体间株高等性状均差异明显。各参试品系（种）中，GT08-120宿根蔗产量最高，ROC22、GT08-13、GT08-223和GT08-68较抗梢腐病，GT08-56、GT08-120和GT08-68受霜冻影响较小。相关性分析结果表明，不同材料甘蔗的叶表蜡质含量均与叶长呈显著或极显著（P<0.01）负相关。聚类分析可将不同甘蔗材料均分成两大类，聚类结果与多年试验结果高度一致。甘蔗叶表蜡质含量的检测以采用氯仿浸提甘蔗+1叶30s较适宜。野生材料叶表蜡质含量明显高于栽培品系（种），叶片较短的甘蔗叶表蜡质含量较高。

（贤武，王伦旺*，邓宇弛，廖江雄，谭芳，经艳）

Detection of epicuticular wax on sugarcane leaves and its correlation with agronomic characters and stress resistance (Table 8、Table 9)

In order to provide reference for sugarcane variety breeding, the suitable detection methods for the determination of epicuticular wax on sugarcane leaves were screen, difference of leaf epicuticular wax between wild resources and sugarcane cultivated lines (varieties) was researched and relationship between leaf epicuticular wax and agronomic characters as well as stress resistance was also analyzed. The epicuticular wax on sugarcane leaves at different extraction times and sampling sites was determined by using 39 wild resources and 12 sugarcane cultivated lines (varieties) as test materials.

The correlation analysis and cluster analysis were carried out in combination with agronomic characters, yield, sucrose content and resistance indexes. The extracted wax by 30 s with chloroform was not significantly different from other treatments ($P>0.05$, the same below) . There was no significant difference in the content of leaf epicuticular wax among three different leave positions of the same sugarcane lines (varieties) .There was significant differences in the content of leaf epicuticular wax on +1 leaves between different sugarcane lines (varieties) ($P<0.05$, the same below) . There were significant differences in leaf epicuticular wax content among the 39 wild sugarcane resources. *Saccharum spontaneum* 92_3 exhibited the maximum leaf epicuticular wax content (18.8 mg/g), while S. *spontaneum* 87_6 ② showed the minimum leaf epicuticular wax content (8.3 mg/g) . The tested lines (varieties) GT08-223 and GT08-68 had the maximum leaf epicuticular wax contents, which were both 8.1 mg/g, and GT08-13 had the minimum leaf epicuticular wax content, which was 3.9 mg/g. The plant height and other traits were significantly different among different sugarcane populations. Among the tested lines (varieties) , GT08-120 had the highest cane yield of ratoon, ROC22, GT08-13, GT08-223 and GT08-68 were resistant to pokkah boeng, and GT08-56, GT08-120 and GT08-68 were cold resistant. The results of correlation analysis showed that the leaf length of sugarcane had significant or extreme ($P<0.01$) negative correlation with the content of leaf epicuticular wax in different sugarcane materials. Cluster analysis divided different sugarcane materials into two categories, and the clustering results were highly consistent with the multi-year test results. The proper detection of leaf epicuticular wax on sugarcane is using +1 leaves by chloroform extraction for 30 s. The content of leaf epicuticular wax of wild sugarcane materials is higher than that of cultivated lines (varieties) , and the content of leaf epicuticular wax of sugarcane with short leaves is high.

(Wu Xian, Lun-wang Wang*, Yu-chi Deng, Jiang-xiong Liao, Fang Tan, Yan Jing)

表8 参试甘蔗栽培品系(种)的叶表蜡质含量、农艺性状及平均蔗糖分

Table 8 Leaf epicuticular wax content, agronomic character and average sucrose content of tested sugarcane lines (varieties)

参试品系(种) Tested line (variety)	叶表蜡质含量(mg/g) Leaf epicuticular wax content	株高(cm) Plant height	茎径(cm) Stalk diameter	叶长(cm) Leaf length	叶宽(cm) Leaf width	叶面积(cm²) Leaf area	叶片水含率(%) Leaf water content	平均蔗糖分(%) Average sucrose content
GT08-223	8.1±0.4a	284.5±4.9c	27.4±0.1ab	129.3±12.6d	5.7±0.2ab	280.0±33.3ef	69.6	14.4
GT08-68	8.1±0.1a	276.7±8.3cd	29.1±1.0a	148.7±11.0bc	5.5±0.4b	345.9±36.3ab	68.9	13.3
GT08-56	6.1±0.2b	286.3±18.1c	26.8±0.7bc	155.6±4.7abc	6.0±0.2a	382.0±24.5a	67.6	14.3
GT08-120	5.9±0.4b	321.4±13.3a	26.5±1.1bc	146.5±13.6c	5.7±0.4ab	324.8±43.6bcd	66.2	14.4
GT08-158	5.2±0.2c	314.8±3.5a	27.5±1.5ab	167.7±12.2ab	4.6±0.2e	321.2±17.9bcd	66.0	14.6
GT08-236	5.1±0.2c	326.5±10.1a	26.6±1.6bc	167.5±30.2ab	5.8±0.2ab	344.1±22.8ab	65.7	13.7
ROC22	5.0±0.2c	333.5±4.4a	27.7±1.5ab	156.6±9.7abc	4.9±0.3cd	334.2±27.0bc	66.8	13.5
GT08-121	4.8±0.3c	261.1±3.8d	26.3±0.9bc	168.5±26.5a	5.1±0.4c	292.7±41.6de	66.2	14.8

（续）

参试品系（种）Tested line (variety)	叶表蜡质含量（mg/g）Leaf epicuticular wax content	株高（cm）Plant height	茎径（cm）Stalk diameter	叶长（cm）Leaf length	叶宽（cm）Leaf width	叶面积（cm²）Leaf area	叶片水含率（%）Leaf water content	平均蔗糖分（%）Average sucrose content
GT08-49	4.8±0.3c	312.2±7.4ab	26.7±0.7bc	156.2±9.6abc	4.7±0.2de	315.6±21.7bcde	66.4	13.5
GT08-272	4.7±0.5c	293.6±1.6bc	24.2±1.2d	151.8±5.4abc	3.9±0.3f	250.7±26.8f	62.4	15.2
GT08-112	4.2±0.2d	291.5±24.1bc	24.8±1.0cd	161.8±7.9abc	5.1±0.2c	347.7±30.0ab	66.9	14.3
GT08-13	3.9±0.1d	279.4±11.9cd	24.9±0.3cd	154.0±8.9abc	4.4±0.3e	297.0±26.7cde	68.3	13.6

表9　参试品系（种）宿根蔗产量、单茎重及抗逆表现

Table 9　Cane yield of ratoon, single stalk weight and resistance of tested lines (varieties)

参试品系（种）Tested line(variety)	宿根蔗产量（t/hm²）Cane yield of ratoon	单茎重（kg）Single stalk weight	7月梢腐病病指 Pokkahboeng disease index of July	9月梢腐病病指 Pokkahboeng disease index of September	寒害分级 Cold injury degree
GT08-223	85.9±0.0cde	1.35±0.02b	0.04	0	2.0
GT08-68	84.6±1.2de	1.41±0.10b	0.04	0	1.0
GT08-56	97.3±12.1bc	1.27±0.11bc	0.17	0.05	0.0
GT08-120	109.9±4.2a	1.30±0.14bc	0.07	0.01	1.0
GT08-158	78.8±6.5e	1.09±0.23cd	0.17	0.19	3.7
GT08-236	99.0±6.3b	1.37±0.16b	0.07	0	2.7
ROC22	92.1±9.7bcd	1.65±0.15a	0.02	0.01	2.7
GT08-121	91.6±6.0bcd	1.27±0.09bc	0.09	0.02	3.0
GT08-49	86.3±0.2cde	1.34±0.03b	0.18	0.13	3.5
GT08-272	91.2±6.0bcd	1.22±0.09bc	0.09	0.01	3.3
GT08-112	91.6±6.0bcd	0.97±0.12d	0.07	0.02	2.7
GT08-13	92.1±8.7bcd	1.08±0.13cd	0.03	0	3.2

干旱胁迫下不同甘蔗品种叶片抗氧化酶活性和渗透调节物质含量的变化

我国80%以上的甘蔗种植在旱地，干旱缺水是影响甘蔗生产的主要因子。研究不同甘蔗品种的抗旱生理生化特性对于抗旱甘蔗品种选育和抗旱栽培技术研发具有重要意义。本研究采用桶栽方式，对抗旱性有差异的F172（抗旱性强）和YL6（不抗旱）2个甘蔗品种在苗期及伸长期分别进行不同程度的干旱胁迫及复水处理，探讨了不同甘蔗品种抗旱性与叶片抗氧化酶活性和渗透调节物质含量的关系（图6、图7）。结果表明：抗旱性较强的甘蔗品种F172在干旱胁迫条件下叶片中氧自由基清除酶系中的超氧化物歧化酶（SOD）、过氧化物酶（POD）和抗氧化保护酶过氧化氢酶（CAT）活性及非可溶性蛋白（ISP）、可溶性糖（SS）含量显著提高；与不抗旱甘蔗品种YL6相比，甘蔗品种F172叶片中丙二醛（MDA）、非可溶性糖（ISS）含量相对比较稳定；而不抗旱甘蔗品种YL6在干旱胁迫条件下叶片中氧自由基清除酶反应较迟钝，MDA和ISS含量上升幅度相对较大，而可溶性蛋白（SP）、ISP含量下降。说明甘蔗叶片抗氧化酶活性和渗透调节物质含量的差异是品种耐干旱胁迫存在差异的生理基础。

（Do Thanh Trung，李健，张风娟，邢永秀，杨丽涛*，李杨瑞*，Nguyen Thi Hanh）

Changes of Antioxidant Enzyme Activities and Contents of Osmotic Regulation Substances in Leaves of Different Sugarcane Varieties under Drought Stress

Over 80% of sugarcane is grown in poor upland field in China, and drought stress has become an important factor limiting the sugarcane production. Investigating the physiological mechanisms of sugarcane drought resistance is important to breed new drought resistant sugarcane varieties and develop drought resistant farming technologies. In the present study, pot culture was used to grow two sugarcane varieties, drought resistant F172 and drought sensitive YL6, and different drought stress and re-watering treatments were applied at seedling and elongating stages, respectively. The relationships between the drought resistance and the activities of antioxidant enzymes and the contents of osmotic substances in different sugarcane varieties were investigated (Fig.6、Fig.7). The results showed that the activity of oxygen radical scavenging enzyme system including superoxide dismutase (SOD) and peroxidase, the activity of antioxidant protective enzyme catalase (CAT), and the contents of insoluble protein (ISP), soluble sugar (SS) in the leaves of the drought resistant variety F172 were significantly increased under

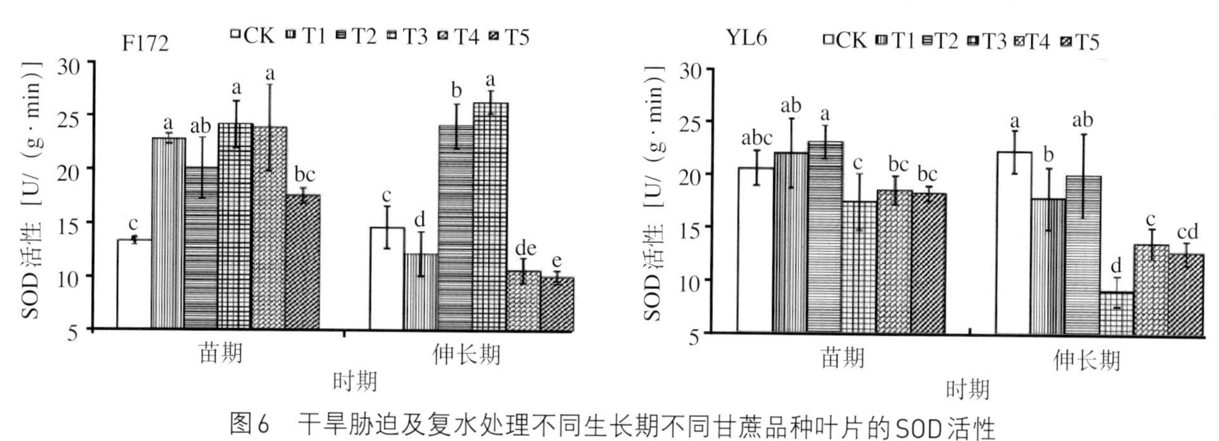

图6 干旱胁迫及复水处理不同生长期不同甘蔗品种叶片的SOD活性

Fig.6 The superoxide dismutase activity in leaves of different sugarcane cultivars at different stages in different drought and re-watering treatments

不同小写字母表示差异显著（P<0.05）。下同。

Different letters indicate significant differences (P<0.05). The same as below.

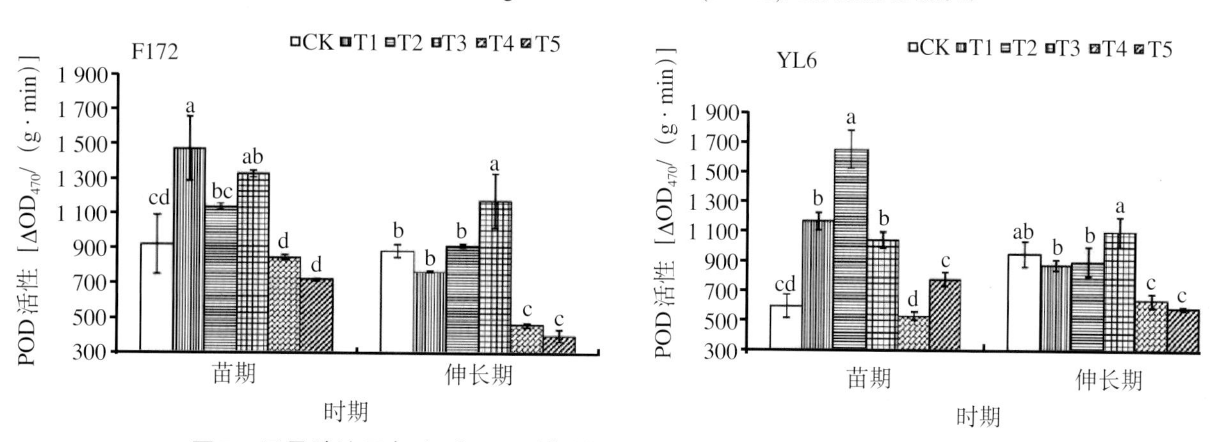

图7 干旱胁迫及复水对不同时期甘蔗品种叶片过氧化物酶（POD）的影响

Fig.7 The peroxidase activity in leaves of different sugarcane cultivars at different stages in different drought and re-watering treatments

drought stress, and the contents of malondialdehyde (MDA) and insoluble sugar (ISS) were relatively stable compared with the drought sensitive variety YL6. The oxygen radical scavenging enzyme system in the drought sensitive variety YL6 was lagged in response to drought stress with significant increases in MAD and ISS and decreases in SP and ISP in leaves. It indicates that the differences in the activities of antioxidant enzymes and the contents of osmotic regulation substa.

(Thanh-Trung Do, Jian Li , Feng-juan Zhang, Yong-xiu Xing, Li-tao Yang*, Yang-rui Li*, Nguyen Thi-Hanh)

甘蔗无根试管苗光合自养生根过程中叶片生理生化特征的变化

甘蔗光合自养生根技术是一种新型的试管苗生根方法，比传统的培养基异养生根法有显著优势（图8）。为了揭示甘蔗生根的生理生化机理，为完善其生根技术提供理论依据。本研究以甘蔗栽培品种桂糖44号无根试管苗为材料，喷施ABT2号生根粉溶液后移栽于沙土混合基质中，在普通日光温室进行自养生根。在生根过程中连续采样调查试管苗生根率和生长状态，检测叶片中总叶绿素、碳水化合物（蔗糖、可溶性糖）、三大内源激素（IAA、ABA、CTK）含量和过氧化物酶（POD）活性。结果表明，由于环境改变，试管苗受到环境胁迫，致使叶片先微黄后转绿，7 d后老叶变黄衰老，新叶开始长出，并与日俱增；第一批不定根在处理后第5天突破表皮，至第9 d 100%的试管苗完成不定根的再生。叶绿素含量先减少后增加而后下降，9 d后跳跃上升；蔗糖、可溶性糖含量先是呈波动上升后急剧下降再跳跃上升；ABA含量和POD活性先上升后下降；IAA和CTK含量则相反，先下降后上升。从试管苗生长状态和生理生化指标变化规律分析，本研究发现甘蔗试管苗光合自养生根过程分为3个阶段，第一阶段在0 ～ 7 d，为试管苗适应期；第二阶段在7 ～ 9 d，为试管苗异养自养切换期；第三阶段在9 ～ 15 d，为试管苗自养能力恢复期，试管苗成功过渡到自养阶段是试管苗获得高存活率的必要条件。

（刘丽敏，何为中*，刘红坚，余坤兴，范业赓，翁梦苓）

Changes of Physiological and Biochemical Characteristics in Leaves During Photoautotrophic Rooting of in vitro Sugarcane Plantlets

Photoautotrophic rooting technique is newly developed for in vitro sugarcane plantlets, which has a significant advantage over the conventional heterotrophic rooting technique (Fig.8). The purpose of this study is to reveal the physiological and biochemical mechanism of the new rooting technique, and ultimately to provide a theoretical basis for improving the technology. In this study, the sugarcane cultivar GT44 was used as the explant, and the in vitro sugarcane plantlets were transplanted in the mixed sandy soil substrate for photoautotrophic rooting in the sunlight greenhouse after sprayed with ABT 2 rooting powder solution and hardened for 24 h. During the rooting process, samples were taken continuously to investigate the rooting rate and growth status, the total chlorophyll, carbohydrates (sucrose, soluble sugars), three types of endogenous hormones (IAA, ABA, CTK) contents and peroxidase (POD) activity in the leaves were detected. The results showed that the plantlets were stressed and got yellow slightly in the leaves due to environmental changes, then turned green. Seven days later the older leaves turned yellow and aging, but more new leaves appeared. The first signed

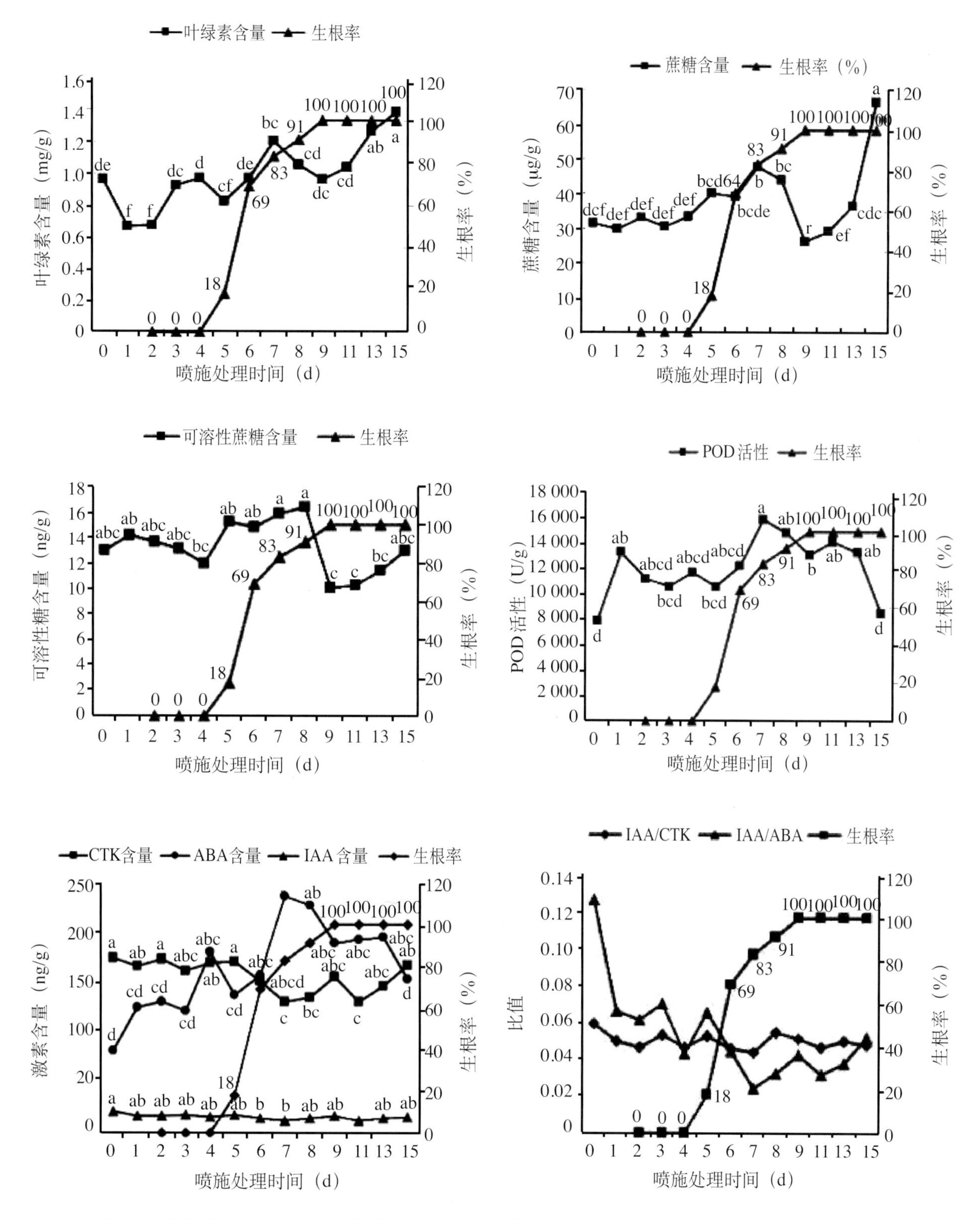

图8 叶片总叶绿素含量变化、叶片蔗糖含量变化、叶片可溶性糖含量变化、叶片POD活性变化、叶片内源激素含量变化、叶片IAA/ABA和IAA/CTK比值的变化与生根率的关系

Fig.8 Relationship between changes in leaf total chlorophyll content, leaf sucrose content, leaf soluble sugar content, leaf POD activity, leaf endogenous hormone content, leaf IAA/ABA and IAA/CTK ratios and rooting rate

adventitious roots broke through the epidermis at 5 d and 100% of plantlets completed their regeneration of adventitious roots before 9 d. The chlorophyll content decreased firstly then increased and decreased, but jumped up after 9 d. The sucrose and soluble sugar contents at first steadily increased then drastically declined from day 7 to day 9 and later jumped up. The ABA content and POD activity increased at first and then decreased. The contents of IAA and CTK were declined at first and then increased, which was in opposite to that of ABA. The findings of the study suggested that photoautotrophic rooting of sugarcane in vitro plantlets was divided into three phases: the first was the adaptation phase from 0 d to 7 d, the second was the heterotrophic-autotrophic switching phase from 7 d to 9 d, and the third was the autotrophic function recover phase from 9 d to 15 d. Successful recovery of the autotrophic function was essential for high survival of sugarcane plantlets.

(Li-min Liu, Wei-zhong He*, Hong-jian Liu, Kun-xing Yu, Ye-geng Fan, Meng-ling Weng)

甘蔗品种桂糖42号的种性及其高产稳产性分析与评价（表10、表11、表12）

对甘蔗品种桂糖42号的种性及其高产稳产性进行分析与评价，为其大面积推广应用提供参考依据。以可代表广西蔗区70%土壤类型的金光农场为试验地点，选择高、中、低3种不同土壤类型的地块，以新台糖22号（ROC22）为对照，连续进行桂糖42号4年新植3年宿根共30点次的生产性试验；试验期间调查其主要农艺性状、抗性及产量表现，并采用高稳系数与变异系数相结合的方法分析其高产稳产性。桂糖42号新植蔗的萌芽率和茎径与ROC22接近，分蘖率、单位面积苗数和有效茎数高于ROC22，但差异均不显著（$P>0.05$，下同），株高则显著低于ROC22（$P<0.05$，下同）。宿根蔗的株高略高于ROC22，茎径与ROC22相当，单位面积苗数和有效茎数较ROC22有明显优势，与ROC22的差异达显著或极显著（$P<0.01$，下同）水平。桂糖42号抗螟虫和抗梢腐病能力与ROC22相当，抗黑穗病、抗倒伏能力及抗旱性强于ROC22。新植蔗和宿根蔗的平均蔗糖分为14.95%～15.36%，均高于ROC22，但差异未达显著水平。1～3年宿根蔗茎产量和糖蔗产量分别比ROC22增产28.86%～62.93%和28.98%～63.03%，其中第3年宿根仍有较高的蔗茎产量和蔗糖产量，分别达80.02 t/hm^{2}和12.32 t/hm^2，4新3宿的平均蔗茎产量和蔗糖产量分别达95.32 t/hm^{2}和14.43 t/hm^2，比ROC22极显著增产18.38%和18.86%。从高稳系数和变异系数来看，桂糖42号新植蔗的产量稳定性较ROC22略差，但宿根蔗和新宿平均的产量稳定性较高，较ROC22有明显优势。桂糖42号在广西金光农场表现出高产高糖、宿根性强、抗旱性好、脱叶性好及抗倒性强等诸多优良特性，适宜在广西及国内相同土壤类型蔗区进一步推广种植。

（邓宇驰，王伦旺*，王泽平，黄海荣，贤武）

Analysis and evaluation for varietal characteristics and high yield stability of sugarcane variety Guitang 42(Table 10、Table 11、Table 12)

Varietal characteristics and high yield stability of sugarcane variety Guitang 42 were evaluated to provide scientific reference for large area planting of it. Representing 70% soil types in Guangxi sugarcane area, Jinguang Farm was selected as experiment site. High, medium and low soil types were chosen, and sugarcane cultivar ROC22 was as control. A total of 30 productive trials were conducted in 4-year planting seedlings and 3-year ratoon seedlings of Guitang 42. Main agronomic traits, resistance

表10 2013—2016年桂糖42号生产性试验的农艺性状表现

Table 10 Performance of Guitang 42 on main agronomic traits in production trial during 2013—2016

植期 Crop style	品种 Variety	萌芽率或发株率（%） Germination rate or ratooning rate	分蘖率（%） Tillering rate	单位面积苗数（千株/hm^2） Seeding number per unit area	株高（cm） Seeding height	茎径（cm） Stalk diameter	有效茎数（千条/hm^2） Effective stalk number
4年新植平均 Average of 4-year planting seeding	桂糖42号	61.85±2.02	65.58±5.30	116.1±3.7	302.4±5.5	2.61±0.02	68.8±1.3
	ROC22	62.13±1.42	56.39±4.47	110.2±2.2	324.6±2.9**	2.64±0.03	65.5±1.2
第1年宿根平均 Average of 1-year ratoon seeding	桂糖42号	91.52±2.86*	40.53±7.27	92.7±3.5*	312.7±7.8	2.65±0.03	62.6±1.5**
	ROC22	83.41±2.10	50.16±3.82	82.7±1.6	302.6±3.7	2.65±0.03	50.2±1.7
第2年宿根平均 Average of 2-year ratoon seeding	桂糖42号	77.67±2.15	78.62±12.25	86.3±5.0**	312.1±8.9	2.77±0.03**	59.2±1.6**
	ROC22	84.15±2.89	78.93±10.39	74.9±1.9	309.5±3.9	2.55±0.05	43.3±0.7
第3年宿根平均 Average of 3-year ratoon seeding	桂糖42号	90.27±11.20	50.15±10.96	82.3±4.5**	302.0±12.6	2.66±0.03	54.4±3.0**
	ROC22	88.17±4.13	86.08±12.55	70.0±2.9	292.7±3.2	2.57±0.03	37.7±1.1
4新3宿平均 Average of 4-year planting seeding and 3-year ratoon seeding	桂糖42号	76.76±2.88	61.83±4.34	99.7±3.3**	307.4±3.8	2.66±0.02	63.6±1.2**
	ROC22	75.52±2.29	62.00±3.86	90.9±3.2	311.8±2.7	2.62±0.02	53.7±2.0

表11 2013—2016年桂糖42号生产性试验的抗性表现

Table 11 Performance of Guitang 42 on resistance in production trial during 2013—2016

植期 Crop style	品种 Variety	萌芽率或发株率（%） Germination rate or ratooning rate	分蘖率（%） Tillering rate	单位面积苗数（千株/hm^2） Seeding number per unit area	株高（cm） Seeding height	茎径（cm） Stalk diameter	有效茎数（千条/hm^2） Effective stalk number
4年新植平均 Average of 4-year planting seeding	桂糖42号	61.85±2.02	65.58±5.30	116.1±3.7	302.4±5.5	2.61±0.02	68.8±1.3
	ROC22	62.13±1.42	56.39±4.47	110.2±2.2	324.6±2.9**	2.64±0.03	65.5±1.2
第1年宿根平均 Average of 1-year ratoon seeding	桂糖42号	91.52±2.86*	40.53±7.27	92.7±3.5*	312.7±7.8	2.65±0.03	62.6±1.5**
	ROC22	83.41±2.10	50.16±3.82	82.7±1.6	302.6±3.7	2.65±0.03	50.2±1.7
第2年宿根平均 Average of 2-year ratoon seeding	桂糖42号	77.67±2.15	78.62±12.25	86.3±5.0**	312.1±8.9	2.77±0.03**	59.2±1.6**
	ROC22	84.15±2.89	78.93±10.39	74.9±1.9	309.5±3.9	2.55±0.05	43.3±0.7

（续）

植期 Crop style	品种 Variety	萌芽率或发株率（%） Germination rate or ratooning rate	分蘖率（%） Tillering rate	单位面积苗数（千株/hm^2） Seeding number per unit area	株高（cm） Seeding height	茎径（cm） Stalk diameter	有效茎数（千条/hm^2） Effective stalk number
第3年宿根平均 Average of 3-year ratoon seeding	桂糖42号	90.27±11.20	50.15±10.96	82.3±4.5**	302.0±12.6	2.66±0.03	54.4±3.0**
	ROC22	88.17±4.13	86.08±12.55	70.0±2.9	292.7±3.2	2.57±0.03	37.7±1.1
4新3宿平均 Average of 4-year planting seeding and 3-year ratoon seeding	桂糖42号	76.76±2.88	61.83±4.34	99.7±3.3**	307.4±3.8	2.66±0.02	63.6±1.2**
	ROC22	75.52±2.29	62.00±3.86	90.9±3.2	311.8±2.7	2.62±0.02	53.7±2.0

表12　2013—2016年桂糖42号生产性试验历年产量表现及稳产性分析

Table 12　Yield and stability of Guitang 42 in production trial during2013—2016

植期 Crop style	品种 Variety	蔗茎产量 Cane yield				蔗糖产量 Sucrose yield			
		X（t/hm^2）	比对照增减（%） Compared with control	HSC（%）	CV(%)	X（t/hm^2）	比对照增减（%） Compared with control	HSC（%）	CV(%)
4年新植平均 Average of 4-year planting seeding	桂糖42号	97.89±3.74	−5.26	74.72	13.24	14.63±0.56	−5.25	74.66	13.33
	ROC22	103.33±3.72	—	84.00	12.46	15.44±0.58	—	83.51	12.95
第1年宿根平均 Average of 1-year ratoon seeding	桂糖42号	95.16±3.92**	28.86	102.67	12.36	14.51±0.57**	28.98	103.52	11.72
	ROC22	73.85±4.02	—	59.02	16.34	11.25±0.61	—	58.96	16.36
第2年宿根平均 Average of 2-year ratoon seeding	桂糖42号	98.10±4.43**	62.93	129.88	11.29	14.95±0.60**	63.03	133.64	9.83
	ROC22	60.21±2.85	—	49.33	11.59	9.17±0.43	—	49.32	11.56
第3年宿根平均 Average of 3-year ratoon seeding	桂糖42号	80.02±5.82**	60.55	127.57	12.60	12.32±0.96**	62.32	132.11	10.47
	ROC22	49.84±2.14	—	52.41	7.44	7.59±0.78	—	49.22	12.12
4新3宿平均 Average of 4-year planting seeding and 3-year ratoon seeding	桂糖42号	95.32±2.33**	18.38	93.22	13.38	14.43±0.34**	18.86	94.28	12.75
	ROC22	80.52±4.18	—	54.95	28.44	12.14±0.62	—	55.25	27.76

and yield of Guitang 42 were investigated during the trial period, and its productivity and yield stability was evaluated by the high stability coefficient and coefficient of variation. For new planting seedlings, germination rate and stalk diameter of Guitang 42 were close to ROC22, but tillering rate, seedling number per unit area and effective stalk of Guitang 42 were higher, without significant difference($P>0.05$, the same below). Seedling height of Guitang 42 was significantly($P<0.05$, the same below)shorter than ROC22. In terms of ratoon crops, seedling height of Guitang 42 was slightly higher than ROC22, stalk diameter was close to ROC22, seedling number per unit area and effective stalk were greatly higher, with significant or extremely significant($P<0.01$, the same below)difference. The resistance to borer and pokkah boeng disease of Guitang 42 were similar to ROC22, the resistance to smut, lodging resistance and drought resistance were all stronger than ROC22. Average sucrose content of planting seedlings and ratoon seedlings were 14.95% -15.36% , which was higher than ROC22, but the difference was insignificant. Average of cane yield and sucrose yield of 1-year to 3-year ratoon seedlings increased 28.86% -62.93% and 28.98% -63.03% than ROC22. Especially in the 3-year ratoon seedling, cane yield and sugar yield reached 80.02 t/hm^2 and 12.32 t/hm^2. Average of cane yield and sugar yield of 4-year plant seedlings and 3-year ratoon seedlings increased extremely significantly 18.38% and 18.86% than ROC22 and reached 95.32 t/hm^2 and 14.43 t/hm^2. In terms of high stability coefficient and coefficient of variation, sugarcane yield stability of Guitang 42 new plating seedlings was slightly worse than ROC22, but its yield stability of ratoon seedlings and average new planting seedlings had obvious advantages over ROC22. Guitang 42 is characterized by high yield, high sucrose, strong ratoon ability, high drought resistance, easy defoliation and good lodging resistance, which is suitable for further promotion in sugarcane planting areas of Guangxi and even China with the same soil types.

(Yu-chi Deng, Lun-wang Wang*, Ze-ping Wang, Hai-rong Huang, Wu Xian)

甘蔗分蘖发生及成茎的调控研究进展

甘蔗是以收获地上茎为主的重要糖料作物，蔗糖分储藏在蔗茎节间，而分蘖是甘蔗有效茎形成的关键，因此促进甘蔗分蘖成茎是提高甘蔗产量的最有效途径之一（图9）。目前，水稻分蘖机理的研究取得了突破性进展，甘蔗也具有禾本科植物特殊的分蘖特性，但相关研究相对滞后，尤其是分子调控机制。本文详细阐述了甘蔗分蘖的生物学特性及现实意义，从栽培技术与管理、环境条件、植物生长调节剂（植物激素）和遗传因素等方面阐述甘蔗分蘖发生及其生长发育的研究结果，为深入研究甘蔗分蘖调控的分子机理提供新视角，也为甘蔗高产栽培技术及分子辅助育种提供理论依据。

（丘立杭，范业赓，罗含敏，黄杏，陈荣发，杨荣仲，吴建明*，李杨瑞*）

Advances of regulation study on tillering formation and stem forming from available tillers in sugarcane (*Saccharumoffi cinarum*)

Sugarcane is an important sugar crop mainly harvested stems which be above the ground, and sugar is stored in the internode of cane stems. Tillering is the key to the formation of millable canes in sugarcane (Fig.9). Therefore, it is one of the most effective ways to improve sugarcane yield through

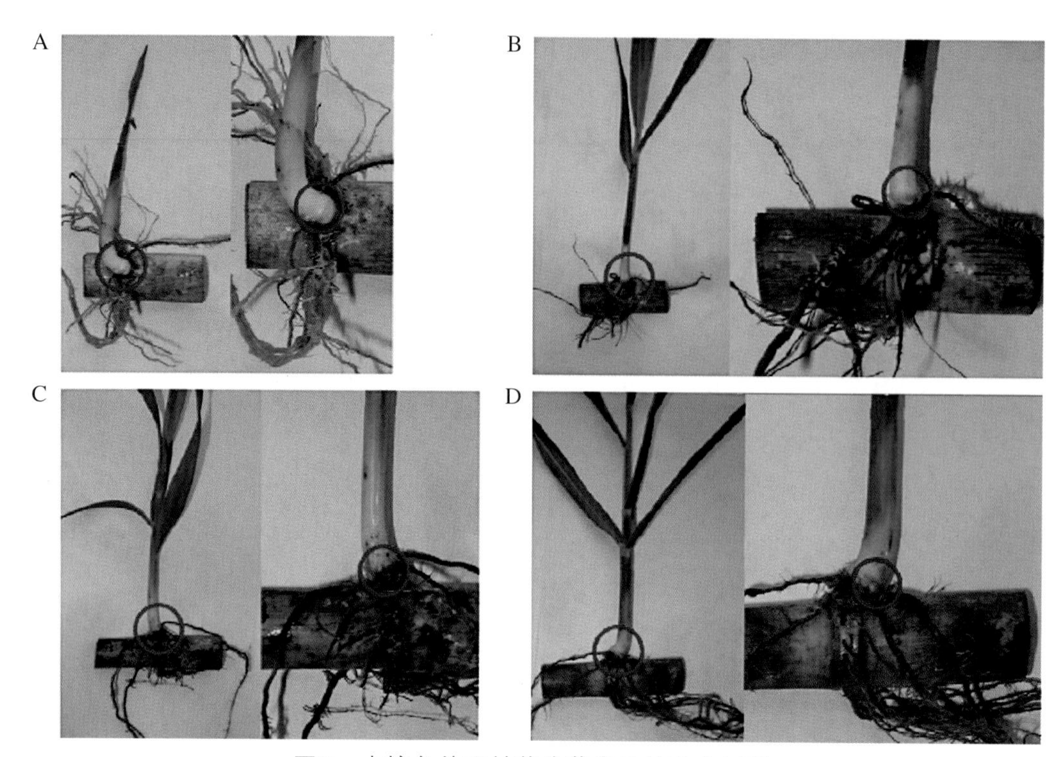

图9　水培条件下甘蔗分蘖发生的动态过程

Fig.9　The dynamic process of tillering formation in hydroponic sugarcane

A.1 ～ 2叶龄的甘蔗苗，基部未出现腋芽；B.3叶龄的甘蔗苗，基部腋芽基已隐约可见（即分蘖始发）；C.4叶龄的甘蔗苗，基部腋芽基清晰可见，并微突起（即分蘖发生中）；D.5叶龄甘蔗苗，基部腋芽基完全凸起形成分蘖芽（即分蘖形成）

promoting tillering and accelerating stems development from tillers. At present, research on tillering mechanism has made breakthrough progress in rice. Sugarcane is also of the tillering character because tiller is a special type of branches in poaceae, but the relative researches of sugarcane tillering lag behind, especially the molecular regulation mechanism. In this paper, we particularly described the biological character of tillering and its current significance, as well as, summarized the results of tillering formation and growth and development of available tillers involving the aspects of cultivation techniques and related management, environmental conditions, plant growth regulators (phytohormones) and genetic factors in sugarcane. This work not only provides a new perspective for insight into the tillering regulation molecular mechanism of sugarcane, but also provides a theoretical basis for the high-yield cultivation technologies and molecular-assisted breeding in sugarcane.

(Li-hang Qiu, Ye-geng Fan, Han-min Luo, Xing Huang, Rong-fa Chen, Rong-zhong Yang, Jian-ming Wu*, Yang-rui Li*)

5.2.2 甘蔗轻简栽培技术 Simplified Cultivation Technology for Sugarcane

Impact of Seed Coating Agents on Single-Bud Seedcane Germination and Plant Growth in Commercial Sugarcane Cultivation

China is the third largest sugar-producing country in the world. The cost of sugarcane planting has increased rapidly in recent years, and the existing planting model needs to be changed to reduce the cost. The aim of this study was to evaluate the effects of commercial seed coating agents on the germination and yield of sugarcane (Fig.10、Fig.11、Fig.12). Six commercial seed coating agents (Premis, Gaucho, Colest, Dividend, Manshijin and Maishuping) used for other crops were used to coat the 4-cm-long

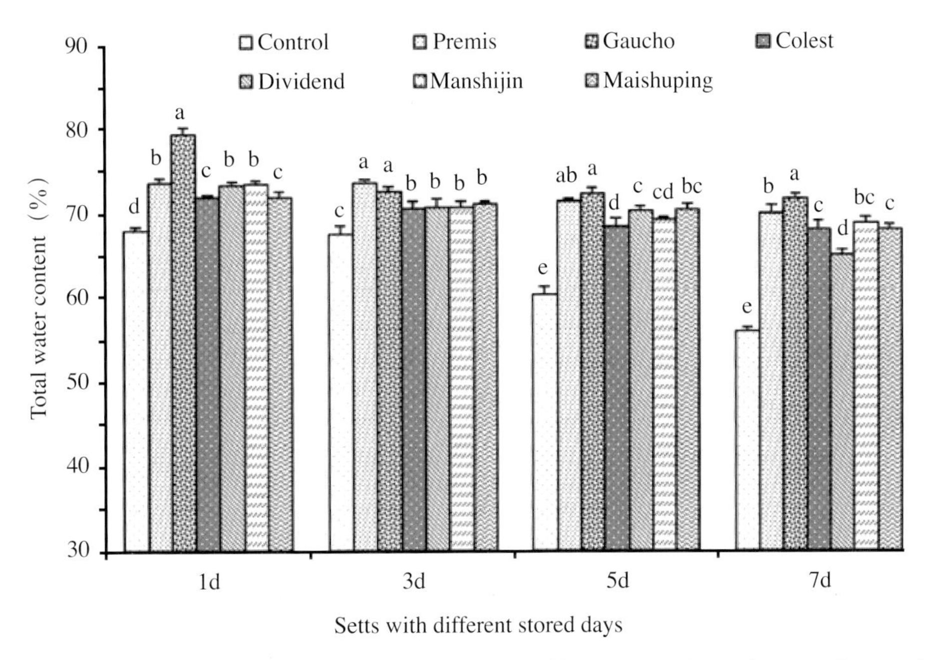

Fig.10 Total water content of seedcane setts coated with different seed coatings and stored at 22℃ for different days (d). Data are presented as mean ± SE, and data labeled with different letters are significantly different (P <0.05) among different seed coatings at the same time

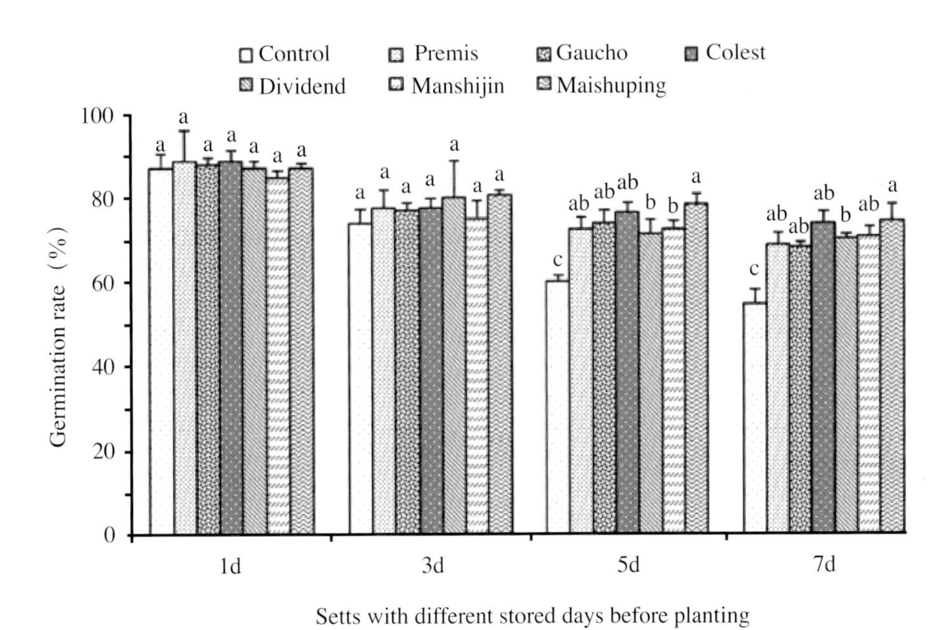

Fig.11 Germination rate of seedcane setts coated with different seed coatings and stored at 22℃ for different days (d) before planting. Data are presented as mean ± SE, and data labeled with different letters are significantly different (P <0.05) among different seed coatings for the same time

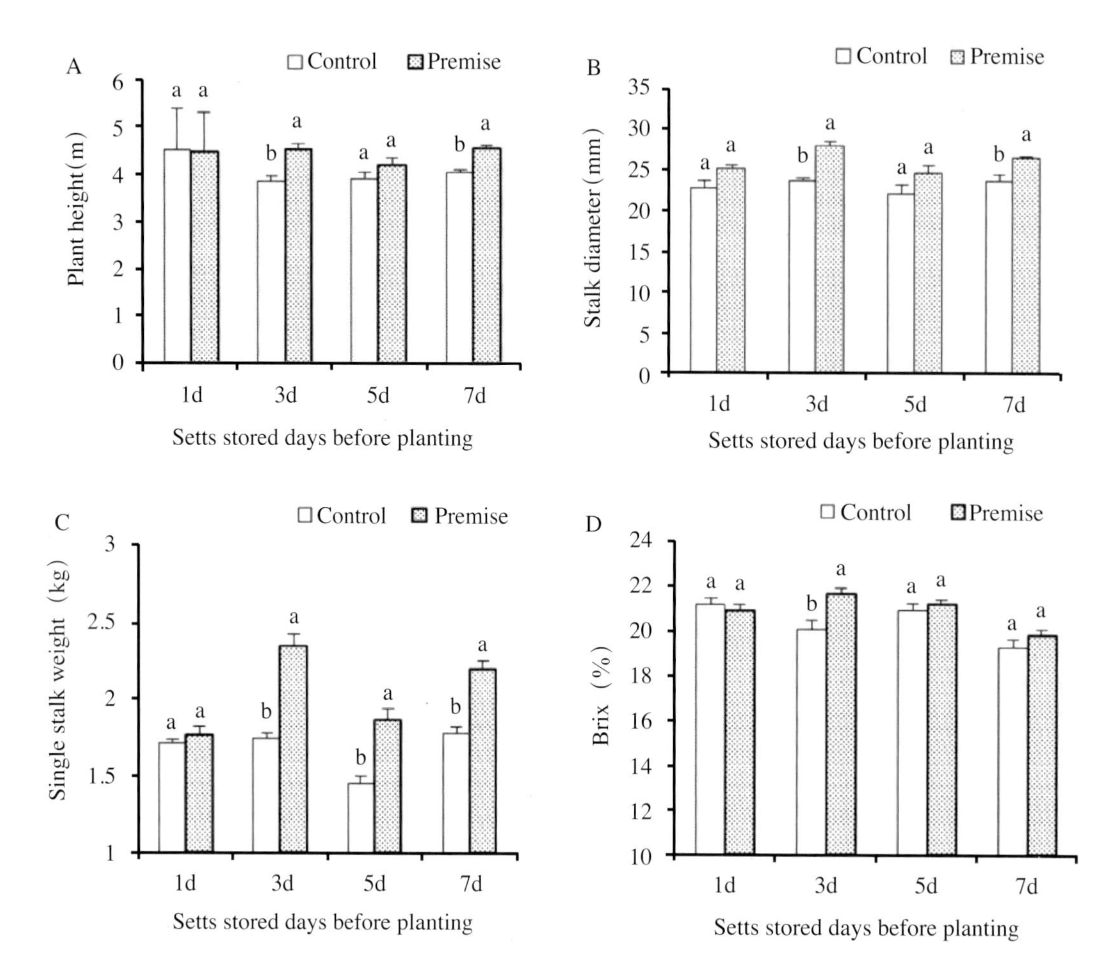

Fig.12 Economic traits of sugarcane from seedcanes coated with Premis planted in green house at processing maturity stage. Data are presented as mean ± SE, and data labeled with different letters are significantly different (P <0.05) between control and treatment at the same time

single seedcane setts and stored for 7 days, respectively, at 22 °C before planting. It was found that all the seed coating agents were effective to reduce the water evaporation of seedcane setts and ensured better germination rate, and Premis, Gaucho, Colest and Maishuping were found better than Dividend and Manshijin. The economic traits of sugarcane, plant height, stalk diameter, single stalk weight and Brix were significantly higher in the Premis seedcane coating treatment than the control at maturity stage in a green house experiment. These results would be helpful to promote the development of the mechanical planting of single-bud seedcane sets for increasing sugarcane production.

(Yong-jian Liang#, Xiao-qiu Zhang #, Liu Yang, Xi-hui Liu , Li-tao Yang *, Yang-rui Li *)

宿根蔗一次性施肥黑白膜全覆盖栽培试验初报（表13、表14）

探讨一次性施肥黑白膜全覆盖栽培对宿根蔗生长、产量及品质的影响，为黑白地膜在甘蔗生产上的应用提供参考。以常规施肥为对照，采用一次性施肥黑白膜全覆盖（A）和常规施肥地膜半覆盖（B）进行宿根蔗栽培，调查各处理的甘蔗出苗率、发株率、产量性状、蔗茎产量及蔗糖品质表现。A 处理甘蔗发株率、有效茎数、茎径及株高等表现均优于其他处理；A 处理蔗茎

产量（83.94 t/hm^2）与对照（73.80 t/hm^2）差异达极显著水平、与B处理差异显著，B处理产量（78.73 t/hm^2）与对照差异显著；各处理的蔗糖分为13.31%～13.92%、相差较少。宿根蔗一次性施肥黑白膜全覆盖栽培，促进甘蔗早生快长，提高肥料利用率，增加产量；简化生产环节、减少作业次数，节约生产用工，优化和节省物资投入、提高生产效率，增加经济效益。

（梁阗，何为中，谢金兰，谭宏伟*，李毅杰，兰军群，谭成军，余廷文）

Experiment on Single Fertilization under Black and White Plastic Film Whole Mulch of Ratoon Sugarcane(Table 13、Table 14)

In order to provide a reference for the application of black and white plastic film in sugarcane production, the effects of the single fertilization of black and white plastic film whole mulch cultivation on growth, yield and quality of ratoon sugarcane was studied. Conventional fertilization was used as the control, the single fertilization of black and white plastic film whole mulch and the conventional fertilization of plastic film semi mulch was used for ratoon sugarcane cultivation. The germination rate, seedling rate, yield characters, cane stem yield and sucrose quality of sugarcane in different treatment were investigated. The seedling rate, millable stalks, stem diameter and plant height of the single fertilization of black and white plastic film whole mulch treatment were better than other treatments. The yield of the single fertilization of black and white plastic film whole mulch treatment was 83.94 t/hm^2. The yield of the conventional fertilization of plastic film semi mulch treatment was 78.73 t/hm^2. The yield of the control was 73.80 t/hm^2. There was a significant difference between the single fertilization of black and white plastic film whole mulch treatment and the control. There is a significant difference between the single fertilization of black and white plastic film whole mulch treatment and the conventional fertilization of plastic film semi mulch treatment. There is a significant difference between the conventional fertilization of plastic film semi mulch treatment and the control. The sucrose content of treatments was from 13.31% to 13.92% with little difference. The single fertilization of black and white plastic film whole mulch cultivation could promote sugarcane early growth, improve fertilizer utilization ratio, and increase production; it also could simplify production processes, reduce operation times, saving production labor, optimize or save material input, improve production efficiency and increase economic benefits.

(Tian Liang, Wei-zhong He, Jin-lan Xie, Hong-wei Tan*, Yi-jie Li, Jun-qun Lan, Cheng-jun Tan, Ting-wen Yu)

表13　各处理甘蔗出苗率及发株率

Table 13　The sugarcane emergence rate and plant rate of treatments

处理	上茬蔗有效茎数(条/hm^2)	4月7日		5月8日		有效茎数(条/hm^2)	发株率(%)	
		蔗苗数(苗/hm^2)	出苗率(%)	蔗苗数(苗/hm^2)	出苗率(%)		平均	比CK/±
A	62 490	73 925	118.30	97 440	155.93	65 190	104.32a	9.43
B	61 755	75 135	121.67	96 660	156.52	62 220	100.75a	5.86
CK	61 665	64 395	104.43	95 550	154.95	58 515	94.89a	0

注：A.一次性施肥黑白膜全覆盖，B.常规施肥地膜半覆盖。

表14 各处理甘蔗产量性状、蔗茎产量及糖分

Table 14 The sugarcane yield traits, stem yield and sugar content of treatments

处理	有效茎数(条/hm^2)	株高(cm)	茎径(cm)	产量		锤度(°Bx)	蔗糖分(%)
				(t/hm^2)	比CK(±%)		
A	65 190	315 aA	2.88 aA	83.94 aA	13.74	21.0	13.82
B	62 220	305 bAB	2.86 aA	78.73 bAB	6.68	21.1	13.92
CK	58 515	299 bB	2.84 aA	73.80 cB	—	20.5	13.31

注：A.一次性施肥黑白膜全覆盖，B.常规施肥地膜半覆盖。

桂糖43号在不同施肥量与种植密度下的生长表现（表15、表16）

为确定甘蔗品种桂糖43号最佳施肥量与种植密度，为生产上推广种植该品种提供依据。本试验采用施肥量与种植密度两因素裂区试验，施肥量为主区，设3个施用复合肥水平，分别为562.5 kg/hm^2、1 875 kg/hm^2、2 625 kg/hm^2，种植密度为副区，设7.4万芽/hm^2、9.1万芽/hm^2、10.5万芽/hm^2、13.6万芽/hm^2 4个水平，调查各处理甘蔗萌芽率、分蘖率、株高、茎径、有效茎数、产量等性状，分析不同施肥量与种植密度对产量及构成因素的影响。结果表明不同施肥量处理的桂糖43号萌芽率，分蘖率，茎径和公顷有效茎数都没显著差异，低肥处理产量最高。不同种植密度处理产量差异显著，中高种植密度（10.5万芽/hm^2）产量最高。在施肥量和种植密度互作下，A3B4产量最高。综合成本和经济收入方面，单从施肥量考虑，施复合肥562.5 kg/hm^{2}收入最高；单从种植密度考虑，下种量10.5万芽/hm^{2}收入最高；从施肥量和种植密度互作方面考虑，施复合肥562.5kg/hm^2，种植密度为9.1万芽/hm^{2}收入最高。

（张荣华，李海碧，庞天，吴凯朝，邓智年，王维赞*，周慧文）

Effects of fertilizer rate and planting density on yield and its components of GT43 (Table 15、Table 16)

The present research was conducted to determine the optimal fertilizer rate and planting density of sugarcane variety GT43 to provide references for extending this variety in sugarcane production. In this experiment, Split-plot experiment with two factors (fertilizer rate and planting density)was designed to investigate sugarcane agronomic traits, such as sprouting rate, tiller rate, plant height, stalk diameter, number of millable stalks, yield, at etc., for analyzing the effects of 3 fertilizer rates (562.5 kg/hm^2, 1 875 kg/hm^2 and 2 625 kg/hm^2)and 4 planting densities (7.4×10^4 buds/hm^2、9.1×10^4 buds/hm^2、10.5×10^4 buds/hm^2、13.6×10^4 buds/hm^2)on sugarcane yield and its components. The results showed that there were no significant differences in germination rate, tillering rate, stem diameter and number of millable stalks among different fertilization treatments, but the yield of low fertilizer treatment was the highest. Medium-high planting density (10.5×10^4 buds/hm^2)presented the highest yield in different planting density treatments. The interaction between fertilizer and densities treatments showed the highest yield was A3B4. comprehensive costs and economic income, the fertilizer rate of 562.5 kg/hm^2 presented the highest income while considering the fertilizer alone, the plant density of 10.5×10^4 bud /hm^2 showed the highest income while considering the planting density alone, the fertilizer rate of 562.5 kg/hm^2 and

plant density of 9.1×10^4 buds/hm^2 was the highest income while considering the interaction between fertilization and planting density.

(Rong-hua Zhang, Hai-bi Li, Tian Pang, Kai-chao Wu, Zhi-nian Deng, Wei-zan Wang*, Hui-wen Zhou)

表15 不同施肥量处理的产量及农艺性状

Table 15 Yield and agronomic characteristics of different fertilizer treatments

施肥处理	萌芽率(%)	分蘖率(%)	株高(cm)	茎径(cm)	有效茎数(条/hm^2)	产量(t/hm^2)
A1	62.83	78.15	268.92a	2.76	61 011.9b	88.58
A2	60.93	73.72	265.ab	2.84	67 807.54ab	85.66
A3	60.86	92.82	261.42b	2.71	69 742.06a	85.52

表16 施肥量与密度互作的产量及农艺性状

Table 16 Yield and agronomic traits of interaction between fertilization amount and density

处理	萌芽率(%)	分蘖率(%)	株高(cm)	茎径(cm)	有效茎数(条/hm^2)	产量(t/hm^2)
A1B1	66.36	92.79 ab	276.67	2.86ab	56 548d	84.79abcd
A1B2	61.60	95.44 ab	263.67	2.82ab	59 281bcd	90.25abc
A1B3	60.56	70.51 bc	266.00	2.76ab	59 028cd	88.76abcd
A1B4	62.81	53.84 c	269.33	2.59ab	68 651abc	90.52abc
A2B1	59.26	96.06 ab	264.33	2.93a	63 591abcd	80.43bcd
A2B2	60.18	82.71 abc	262.67	2.87a	65 377abcd	81.32abcd
A2B3	62.64	68.09 bc	269.00	2.76ab	71 032abc	91.68abc
A2B4	61.64	48.04 c	264.00	2.8ab	71 230ab	89.22abcd
A3B1	62.88	116.23 a	260.33	2.83ab	61 409abcd	74.08d
A3B2	58.65	104.44 ab	261.00	2.74ab	72 222a	76.77cd
A3B3	62.83	76.14 bc	265.00	2.74ab	72 520a	94.46ab
A3B4	59.09	74.47bc	259.33	2.52b	72 817a	96.77a

不同复合肥料搭配施用对果蔗产量及经济效益的影响（表17、表18、表19）

针对当前广西、广东果蔗产区普遍选用进口复合肥料的情况，选择不同国产复合肥料进行搭配试验，研究其对果蔗产量及经济效益的影响，为果蔗生产施用国产肥料提供参考依据。在N、P、K有效含量相同的条件下，3种国产复合肥单施及搭配施用，以目前蔗农应用较广的狮马牌进口复合肥为对照。结果：(1) 在商品蔗长度、茎径、节间数、单茎重、单位面积产量等性状，国产复合肥料搭配处理优于或相近进口复合肥料处理，国产复合肥料单一施用处理低于进口复合肥料处理；节间长度以国产复合肥料单一施用处理最高，进口复合肥料处理最低；田间蔗汁锤度国产复合肥料搭配处理最高，进口复合肥料处理最低。各处理经方差分析差异不显著。(2) 在经济效益方面，每$666.7m^2$投入国产复合肥料搭配处理、单一施用处理均比进口肥料少373.0元。进口复合肥料处理销售收入高于国产复合肥料单独施用处理，差异不显著，纯收入相当。国产复合肥料搭配处理销售收入高于进口复合肥料处理，但差异不显著；其搭配处理纯收入显著高于进口复合肥料处理，平均比进口复合肥料处理增加纯收入1 202.62 元/666.7m^2。在有效成分相同的条件下，2种以上国产复合肥搭配施用其单位面积产量、纯收入等均优于单独施用的进口复合肥，可在生产中推广应用。

（何毅波，李松*，余坤兴，刘俊仙，卢曼曼，刘红坚，刘丽敏，张伟珍，陈科义）

Effects of Different Compound Fertilizers on Yield and Economic Benefits of Chewing Cane (Table 17、Table 18、Table 19)

In view of the current use of imported compound fertilizers (ICF) in chewing cane production areas of Guangxi and Guangdong, different domestic compound fertilizers were selected for collocation experiments to study their effects on chewing cane yield and economic benefits, to provide references for the application of domestic fertilizers in chewing cane production.[Methods] Under the conditions of the same content of N, P and K, three kinds of domestic compound fertilizers were selected for different combinations (single and mixed application).Imported compound fertilizer of Lion-horse brand was used as control, which was widely used in sugarcane farming at present. (1) Length of cane stem, stem diameter, internode number, single stem weight, and yield per unit area which derived from mixed domestic compound fertilizer (MDCF) treatment were better than or similar to that of ICF treatment. However, single domestic compound fertilizer (SDCF) treatments was lower than that of ICF treatment; the internode length was the highest in the SDCF treatments, and the lowest in ICF; cane juice brix from MDCF treatments obtained the highest, while the ICF treatment was the lowest. (2) The invested costs of both SDCF and MDCF treatment decreased by 373.0 yuan per 666.7 m^2 compared with that of ICF treatment. The sales income of the ICF treatment was higher than that of the SDCF treatment, the difference was not significant, and the net income was the same. The sales income of the MDCF treatment was higher than that of the ICF treatment, but the difference was not significant; the net income of the MDCF treatments increased by 1 202.62 yuan per 666.7 m^2 compared with the ICF treatment, the difference was significant. Under the same conditions of effective active ingredients, the yield per unit area and net income of two or more kinds of MDCF are better than those of ICF, which can be promoted and applied in chewing cane planting.

(Yi-bo He, Song Li*, Kun-xing Yu, Jun-xian Liu, Man-man Lu, Hong-jian Liu , Li-min Liu, Wei-zhen Zhang, Ke-yi Chen)

表17　不同肥料处理对果蔗性状的影响

Table 17　Effect of different fertilizer treatment on traits of chewing cane

处理	商品蔗长度（cm）	茎径（cm）	节间数（个/株）	节间长度（cm）	单茎重（kg）	产量（kg/666.7m^2）	田间蔗汁锤度（%）
A1	287.6abA	3.69aA	21.2aA	9.94aA	3.15aA	9 504.1abA	18.7aA
A2	279.9bA	3.76aA	21.2aA	9.67abcAB	3.15aA	9 71.5bA	18.4abA
A3	288.9abA	3.81aA	20.8aA	9.45cAB	3.18aA	9 531.3abA	17.5dC

（续）

处理	商品蔗长度（cm）	茎径（cm）	节间数（个/株）	节间长度（cm）	单茎重（kg）	产量（kg/666.7m^2）	田间蔗汁锤度（%）
B1	292.2abA	3.78aA	21.5aA	9.57abcAB	3.25aA	9 842.1abA	18.8aA
B2	288.9abA	3.84aA	21.5aA	9.56bcAB	3.21aA	9 938.7abA	18.4abA
B3	297.1abA	3.87aA	21.2aA	9.67abcAB	3.31aA	9 927.8abA	18.3abA
B4	305.7aA	3.82aA	20.7aA	9.93abA	3.32aA	10 104.1aA	17.7cdBC
CK	290.2abA	3.83aA	21.2aA	9.39cB	3.17aA	9 643.2abA	18.1bcABC

表18　A、B类处理平均对果蔗性状的影响

Table 18　Effect of A and B fertilizer treatments means on traits of chewing cane

处理	商品蔗长度(cm)	茎径(cm)	节间数（个/株）	节间长度(cm)	单茎重(kg)	产量(kg/666.7m^2)	田间蔗汁锤度（%）
A平均	285.5 aA	3.75 aA	21.1 aA	9.69 aA	3.16 aA	9 469.0 aA	18.2 aA
B平均	296.0 aA	3.83 aA	21.2 aA	9.68 aA	3.27 aA	9 953.2 aA	18.3 aA
CK	290.2 aA	3.83 aA	21.2 aA	9.39 aA	3.17 aA	9 643.2 aA	18.1 aA

表19　不同处理对果蔗经济效益的影响

Table 19　Effect of different treatments on economic benefits of chewing cane

处理	产量(kg/666.7m^2)	销售收入（元/666.7m^2）	投入成本（元/666.7m^2）		纯收入（元/666.7m^2）
			复合肥	其他成本	
A1	9 504.1	17 107.32 abA	1 400.0	6 000.00	9 707.32 abA
A2	9 371.5	16 868.70 bA	1 260.0	6 000.00	9 608.70 bA
A3	9 531.3	17 156.40 abA	1 470.0	6 000.00	9 686.40 abA
B1	9 842.1	17 715.84 abA	1 330.0	6 000.00	10 385.84 abA
B2	9 938.7	17 889.60 abA	1 435.0	6 000.00	10 454.60 abA
B3	9 927.8	17 870.10 abA	1 365.0	6 000.00	10 505.10 abA
B4	10 104.1	18 187.38 aA	1 377.0	6 000.00	10 810.38 aA
CK	9 643.2	17 357.76 abA	1 750.0	6 000.00	9 607.76 bA

甘蔗种茎储存期对萌芽出苗的影响（表20）

对甘蔗种茎经0d、3d、5d、10d、15d、20d、25d、30d、35d、40d 共10个储存期，进行萌芽出苗试验（图13）。结果表明：甘蔗种茎萌芽率与种茎储存期呈负相关关系，随着储存期的延长，种茎萌芽率降低。本试验以储存期0 ～ 3d 萌芽出苗最好，萌芽率最高，萌芽率达80%以上；储存期5 ～ 15d，萌芽出苗次之，萌芽率为50%～ 60%；储存期20 ～ 30d，萌芽出苗一般，萌芽率为40%左右；储存期35 ～ 40d 萌芽出苗较差，萌芽率低于30%。

（罗亚伟，覃振强*，梁阗，王维赞，李德伟）

Effect of Different Storage Periods of Sugarcane Seed Stem on Germination and Emergence (Table 20)

The germination and emergence of sugarcane were observed under the conditions of ten different storage periods of cane seed stem with 0, 3, 5, 10, 15, 20, 25, 30, 35, 40 days in the field (Fig.13). The results showed that it is negative correlation between the germinating rate of sugarcane and the storage periods of seed stem. The germinating rate of seed stem decreased with prolonging storage period. The sugarcane germinations (over 80%) of the storage period with 0 ~ 3 days are higher than that of the other treatments; the next are 50% ~ 60% when the storage period with 5 ~ 15 days; and are 40% when the storage period with 20 ~ 30 days; while are the lower (less than 30%) when the storage period with 35 ~ 40 days.

(Ya-wei Luo, Zhen-qiang Qin*, Tian Liang, Wei-zan Wang, De-wei Li)

表20 不同处理甘蔗种茎萌芽率

Table 20 The sugarcane stem germination rate of different treatments

处理	萌芽率(%)			
	3月22日	4月1日	4月11日	4月21日
1	33.8 abAB	67.1 aAB	77.6 aA	81.1 aA
2	38.6 aA	71.1 aA	78.5 aA	81.6 aA
3	24.1 abcABC	57.9 abAB	69.7 abAB	69.7 abAB
4	32.0 abAB	62.3 abAB	65.8 abAB	68.4 abAB
5	20.6 bcdABC	47.8 bBC	55.7 bBC	56.1 bcBC
6	6.6 dC	23.7 cD	37.3 cdeCD	39.5 deCDE
7	11.0 cdC	30.3 cCD	42.1 cCD	46.1 cdCD
8	14.5 cdBC	28.9 cCD	38.6 cdCD	39.0 deCDE
9	8.3 dC	19.7 cD	24.1 eD	24.6 fE
10	5.3 dC	17.5 cD	25.4 deD	26.3 efDE

注：表中同列数据后大、小写英文字母分别表示差异显著性

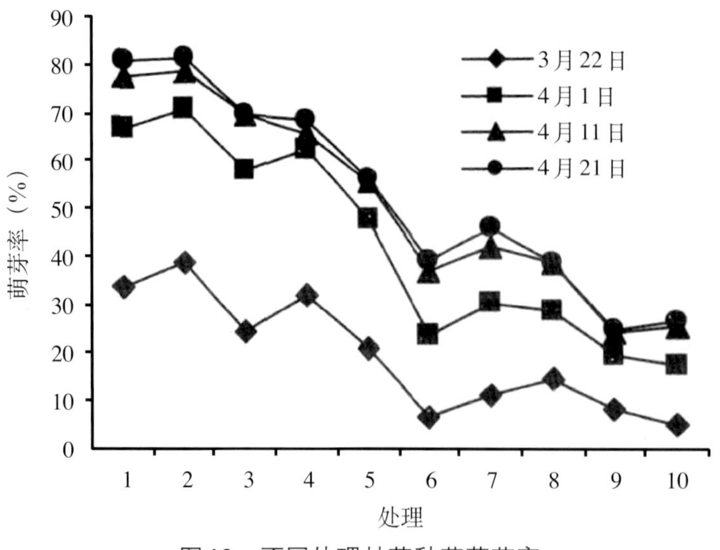

图13 不同处理甘蔗种茎萌芽率

Fig.13 The germination rate of sugarcane stem different treatments

桂辐98-296种茎补种新台糖22号宿根蔗对甘蔗产量和品质的影响（表21、表22、表23）

利用甘蔗新品种桂辐98-296种茎补种新台糖22号（ROC22）宿根蔗，以解决宿根蔗缺株断垄、产量下降的问题，为该方法的大面积推广应用提供科学依据。选择ROC22缺株断垄较严重的第2年宿根蔗地为试验地，以ROC22宿根蔗地的自然状态为对照（CK），设桂辐98-296种茎补种ROC22宿根（处理A）和ROC22种茎补种ROC22宿根（处理B）2个补种处理。调查各处理植株月伸长速度、单位面积有效茎数、株高、茎径及蔗糖分，并进行经济效益分析。处理A桂辐98-296补种蔗茎的出苗率（75.13%）和成茎率（91.45%）较高，6～9月平均伸长速度（56.4 cm）与处理A和B的宿根蔗及CK的平均月伸长速度差异不显著（$P>0.05$，下同）；其株高（298 cm）与处理B宿根蔗及CK的株高基本一致；处理A蔗茎产量较CK极显著增产35.17%（$P<0.01$），经济效益明显。处理B同品种补种的出苗率（71.25%）和成茎率（16.44%）偏低，6～9月平均生长速度（21.2 cm）缓慢，整体产量与CK无显著差异，经济效益不明显。采用桂辐98-296种茎补种ROC22宿根蔗，可显著提高宿根蔗的单位面积产量，增加经济效益，解决宿根蔗缺蔸断垄、产量下降的问题，宜大面积推广应用。

（樊保宁，游建华*，谭宏伟，梁阗，吴凯朝，廖庆才）

Effects of filling in the blank of ROC22 ratoon crop field with Guifu 98-296 seed cane on sugarcane yield and quality (Table 21、Table 22、Table 23)

The demonstration study of using Guifu 98-296 seed cane direct reseeding in ROC22 ratoon were carried out to provide a scientific basis for the effective solved the missing rooting rate of ROC22 ratoon in Guangxi. The second year ROC22 ratoon serious missing strain rate were chosen as the test area. Three treatments were set up in the test, namely, using Guifu 98-296 seed cane direct reseeding in ROC22 ratoon (treatment A), using ROC22 seed cane direct reseeding in ROC22 ratoon (treatment B) and not reseeding in ROC22 ratoon as the control (CK). The monthly growth rate, effective stem number per plant per unit area, plant height, stem diameter and sucrose content in each treatment plot were investigated and analyzed statistically. Seedling rate (75.13%) and stem rate (91.45%) of Guifu 98-296 reseeding sugarcanes in treatment A were high, its average extension speed during June-September(56.4 cm) was not significantly different from those of ratoon sugarcanes in treatment A and B and CK ($P>0.05$, the same below).The plant height (298 cm) of Guifu 98-296 was consistent with that of ratoon sugarcane in treatment B and CK. Yield of sugarcane in treatment A was extremely increased by 35.17% compared with CK ($P<0.01$), which showed great economic benefits. The seedling rate (71.25 %) and stem rate (16.44%) of reseeding seedlings in treatment B were low, its average extension speed during June-September (21.2 cm) was slow, and the yield was not significantly different from CK, and its economic benefits was not obvious. Using Guifu 98-296 to reseed ROC22 ratoon can significantly increase yield per unit area of ratoon, increase economic benefits, solve the problems of missing seedlings in sugarcane field. This method can be promoted in large scale.

(Bao-ning Fan, Jian-hua You*, Hong-wei Tan, Tian Liang, Kai-chao Wu, Qing-cai Liao)

表21 不同处理对甘蔗产量性状的影响

Table 21 Effects of different treatments on yield traits of sugarcane

处理 Treatment	植期 Planting period	株高(cm) Plant height	茎径(cm) Stem diameter	单茎重(kg/条) Single stem weight	有效茎数(条/hm²) Effective stem number	产量(t/hm²) Yield	合计产量(t/hm²) Total yield
A	桂辐98-296补种	298aA	2.54cB	1.19	177 445bB	20.56bB	77.32aA
	ROC22宿根蔗	297aA	2.61aA	1.28	44 502aA	56.76aA	
B	ROC22补种	244bB	2.52cB	1.09	3 152cC	3.31cC	60.42bB
	ROC22宿根蔗	298aA	2.60abA	1.29	44 420aA	57.11aA	
CK	ROC22宿根蔗	297aA	2.58bA	1.28	44 846aA	57.02aA	57.20bB

表22 不同处理的农业效益分析结果

Table 22 Agricultural benefit analysis of different treatments

处理 Treatment	蔗茎增产(t/hm²) Increase of sugarcane stalk yield	农业产值增量(元/hm²) Increase of agricultural output value	用种量(t/hm²) Seed quantity	补种成本(元/hm²) Cost of replant				增加效益(元/hm²) Increase efficiency
				蔗种费 Seed cost	补种人工 Labor cost of reseeding	砍收人工 Labor cost of harvesting	合计 Total	
A	20.56	9 868.8	2.52	1 209.6	900.0	2 467.2	4 576.8	5 292.0
B	3.31	1 588.8	2.93	1 406.4	900.0	397.2	2 703.6	−1 114.8
	0	0	0	0	0	0	0	0

表23 不同处理的工业效益分析结果

Table 23 Industrial benefit analysis of different treatments

处理 Treatment	植期 Planting period	蔗茎单产(t/hm²) Yield of single sugarcane stalk	产糖量(t/hm²) Sugar yield	产糖量合计(t/hm²) Total sugar yield	工业产值(元/hm²) Industrial output value
A	桂辐98-296补种	20.56	2.55	9.51	59 913.0
	ROC22宿根蔗	56.76	6.96		
B	ROC22补种	3.31	0.40	7.36	46 368.0
	ROC22宿根蔗	57.11	6.96		
CK	ROC22宿根蔗	57.20	6.99	6.99	44 037.0

5.2.3 甘蔗机械化研究 Sugarcane Mechanization Research

广西甘蔗全程机械化相适应种植行距及模式（表24、表25）

研究不同种植行距对甘蔗品种性状及产量的影响，为甘蔗生产全程机械化提供参考。选取10个不同甘蔗品种，连续7年进行100 ～ 160 cm不同行距和宽窄行距组合130 cm + 50 cm 共7种行距模式的田间试验，测定各模式下甘蔗产量及各农艺性状标。种植行距从100 cm增大到160 cm时，甘蔗有效茎数和蔗茎产量均表现出随行距的加宽呈降低趋势。140cm 相比110 cm 行距模式，甘蔗有效茎数减少4 470株/hm²，减少7.6 %；蔗茎产量减产9 030 kg /hm²，减11.3 %；有效茎数与产量的相关系数为r=0.5 198**；130 cm + 50 cm 的宽窄行模式在管理水平较高的条件下，品种桂糖31号的第4

年宿根栽培可达105 t /hm^2 以上的产量水平；品种桂糖31号、粤糖55号在宽行种植下的产量变化差异较小，并有较高的群体茎数自我调节能力和宿根性。配套相适应的现代田间设施和管理技术的条件下，广西的甘蔗生产全程机械化可通过选择相适应的良种进行140 cm的宽行种植或者130 cm + 50 cm宽窄行的种植模式。

（谭裕模*，邢颖，蒙炎成，陈桂芬，黎焕光，江泽普，杨绍锷）

Planting Inter-row Distances and Models of Different Varieties Adjusting to Sugarcane Mechanization(Table 24、Table 25)

To provide a reference for the whole process mechanization of sugarcane production, the effects of different planting distances on the traits and yield of sugarcane varieties were studied. 10 varieties were applied in the field tests for 7 years in a row, with 7 inter-row distances of 100~160 cm and models of 130 cm +130 cm, and cane yields and characteristics were tested and recorded. The millable stalks number and cane yield decreased with dilating inter-row distances in the ranges from 100 cm to 160 cm. Compared with the 110 cm row spacing mode, the millable stalks number decreased by 4 470 plants /hm^2 , 7.6 % , and the cane yield was decreased by 9 030 kg /hm^2 , 11.3% . The correlation coefficient of millable stalks number and yield was r = 0. 5 198**, and the 4th rationing yield of Guitang 31 still reached a higher level more than 105 t /hm^2 planted in wide and narrow row under good cultivation condition with dripping irrigation. Little difference of cane yield was found in wide-row planting in some varieties of Guitang 31, Yuetang 55, with good self-adjusting ability for plant individuals and groups, ratooning and more stalks capability. The 140 cm row spacing as well as wide and narrow rows of 130 cm+50 cm planting model with improved varieties could be applied for mechanization of sugarcane production in Guangxi area under the condition of compatible with modern field facilities and management techniques.

(Yu-mo Tan*, Ying Xing, Yan-cheng Meng, Gui-fang Chen, Huan-guang Li, Ze-pu Jiang, Shao-e Yang)

表24 2010年2个品种4个不同行距种植农艺性状和产量

Table 24 Four different types of agronomic traits and yield difference of two varieties in 2010

甘蔗品种 Sugarcane varieties	行距(cm) Row spacing	小区面积(cm^2) Plot area	株高(cm) Height	茎径(cm) Stalk diameter	有效茎(株/hm^2) Millable stalks	小区产量(kg) Plot yeild			总产量(kg/hm^2) Yeild	标准差(±kg) Standard deviation	较110cm(±%) Compared with 100 cm	品种平均产量(kg/hm^2) Average product
						I	II	III				
ROC22	100	28.1	284	2.68	68 025	315	299	335	112 755	429	—	99 682.5
	120	33.6	289	2.72	66 840	374	357	364	108 540	169	−3.7	
	140	39.3	265	2.78	60 330	365	356	378	93 195	188	−17.3	
	160	45.0	254	2.75	59 520	398	361	377	84 240	275	−25.3	
桂糖35 Guitang35	100	28.1	266	2.50	64 830	276	286	256	96 870	362	—	86 134.5
	120	33.6	272	2.56	65 265	333	316	312	95 415	221	−1.5	
	140	39.2	255	2.57	58 875	289	307	325	78 315	306	−19.2	
	160	44.9	249	2.54	55 680	336	312	347	73 925	266	−23.7	

表25　2011—2012年度3个品种2个行距种植农艺性状及产量

Table 25　Different types of agronomic traits and yield difference of three varieties in 2011—2012

年份植期 Year and planting period	品种 Varieties	行距 (cm) Row spacing	小区面积 (cm^2) Plot area	株高 (cm) Height	茎径 (cm) Stalk diameter	有效茎(株/hm^2) Millable stalks	小区产量(kg) Plot yeild			总产量(kg/hm^2) Yeild	标准差(±kg) Standard deviation	较110cm (±%) Compared with 110 cm	品种平均产量 (kg/hm^2) Average product
							Ⅰ	Ⅱ	Ⅲ				
2011年新植 In 2011 new palnt	粤糖55	110	41.25	264	2.61	63 300	421	389	422	99 495	304	—	89 893.5
	Yuetang55	130	48.75	270	2.58	65 475	487	473	452	96 570	238	−2.94	
	桂糖32	110	41.25	242	2.58	62 115	423	405	420	100 875	155	—	72 892.5
2011年新植 In 2011 new palnt	Guitang32	130	48.75	251	2.59	56 520	484	455	425	93 315	402	−7.51	
	粤00-236	110	41.25	240	2.58	67 620	453	473	434	109 920	317	—	75 534.0
	Yue00-236	130	48.75	246	2.61	59 745	436	404	434	87 195	245	−20.67	
2012年宿根 In 2012, perennial root	粤糖55	110	41.25	255	2.58	63 960	346	381	327	85 215	448	—	89 924.0
	Yuetang55	130	48.75	258	2.63	60 735	420	397	421	84 690	186	−0.62	
	桂糖32	110	41.25	254	2.62	68 610	397	426	413	99 900	231	—	92 221.5
	Guitang32	130	48.75	260	2.67	63 795	422	455	407	87 855	336	−12.06	
	粤00-236	110	41.25	251	2.61	68 190	426	350	389	84 185	614	—	89 400.0
	Yue00-236	130	48.75	246	2.71	59 985	382	433	393	82 635	370	−12.26	

机械收获对桂糖29号宿根产量的影响（表26、表27）

采用机械收获与人工砍收处理进行对比，研究机械收获对桂糖29号宿根产量及宿根发株的影响，为桂糖29号机械化收获提供参考。在宜州蔗区开展试验，设置两种处理：机械收获和人工砍收，调查发株率、产量及农艺性状。研究桂糖29号在机械收获后对发株率和产量的影响。桂糖29号机械收获处理的宿根发株率、株高、茎径、单茎重、锤度、产量与人工收获差异不显著。桂糖29号适合机械化收获。

（段维兴，张荣华，张保青，张革民*，王维赞，雷敬超）

The Influence of Mechanical Harvesting of GT 29 Ratoon Yield (Table 26、Table 27)

The mechanical harvesting and artificial harvesting processing were compared. Effects of mechanical harvesting of GT 29 ratoon yield and ratoon sprout strains, provide a reference for the mechanized harvest of the variety. In the sugarcane area of Yizhou, two treatments were set up: Ⅰ, mechanical harvest, Ⅱ and artificial harvesting, to investigate the rate of hair plant, yield and agronomic traits. Research for GT 29 in machinery after harvest of strain rate and yield effect. GT 29 mechanical harvesting treatment showed hair strain rate, plant height, stem diameter, single stem weight, brix, yield and artificial harvest had no significant difference. GT 29 were suitable for mechanized harvesting.

(Wei-xing Duan, Rong-hua Zhang, Bao-qing Zhang, Ge-min Zhang*, Wei-zan Wang, Jing-chao Lei)

表26 不同处理宿根发株率

Table 26 The emergence rate of ratoon sugarcane in different treatments

品种	处理	上茬蔗有效茎(株/hm²)	宿根蔗		
			株数(株/hm²)	发株率(%)	比人工(%)
桂糖29号	机收	61 375	90 633	147.67	−4.8
	人工	60 694	92 542	152.47	

表27 不同处理的产量及农艺性状

Table 27 Yield and agronomic traits of different treatments

品种	处理	株高(cm)	茎径(cm)	单茎重(kg)	有效茎(株/hm²)	田间锤度(°Bx)	产量(t/hm²)
桂糖29号	机收	238.6	2.75	0.98	77 233	21.7	75.73
	人工	244.9	2.54	1.06	74 607	21.0	78.24
	机收比人工±(%)	−2.57	+8.27	−7.55	+3.52	+3.33	−3.21

机械压实对蔗田土壤理化性状、微生物活性和甘蔗生长的影响（表28、表29、表30）

探明机械车轮碾压引起的土壤压实对蔗田理化性状、微生物活性和甘蔗生长的影响，为保护蔗田土壤环境和甘蔗机械化收获的推广提供理论依据。采用随机区组设计，用甘蔗田间运输车对蔗田进行碾压处理，以未碾压的小区作为对照。在宿根蔗的不同生长期调查土壤容重、含水量、土壤养分、酶活性和微生物量，以及甘蔗根系、农艺性状和产量等参数。机械压实后土壤容重增大，土壤含水量、土壤pH、土壤有机质以及全氮、全磷和全钾含量有所提升，速效养分含量降低；土壤蔗糖酶的活性显著提高，土壤脲酶活性和磷酸酶活性无显著变化；土壤细菌、真菌、放线菌的数量总体上比CK 高；甘蔗植株的根系干重显著下降，发株数显著减少，蔗茎减产7.43%。相关分析结果表明，脲酶活性与真菌数量呈正相关关系、与放线菌数量呈负相关关系；蔗糖酶活性与真菌数量呈正相关关系；磷酸酶活性与真菌数量呈负相关关系，与放线菌呈正相关关系。机械压实可在一定程度上提高土壤含水量、土壤基础肥力和土壤微生物活性，而土壤有效养分的供给能力有所下降；同时，压实可抑制甘蔗根系生长，进而影响甘蔗产量。

（刘晓燕，韦幂，王维赞*，梁强，董文斌，李长宁，李毅杰，谢金兰）

Effects of Mechanical Compaction on Physicochemical Properties, Microbial Activity of Sugarcane Fields Soil and Growth of Sugarcane (Table 28、Table 29、Table 30)

To provide a theoretical basis for the protection of soil environment in sugarcane field and popularization of mechanized harvest of sugarcane, the effects of soil compaction caused by mechanical wheel rolling compaction on the physical and chemical properties, microbial activity and sugarcane growth of the sugarcane field were ascertained. The randomized block design was used in the experiment. The sugarcane field was rolling compacted by transporter, the uncompacted field was control treatment. Soil bulk density, moisture content, soil nutrient, enzyme activity and microbial biomass, root system, agronomic traits and yield of sugarcane were investigated at different growth stages of stubble cane. After compaction, soil bulk density, moisture content, pH value, organic matter, total nitrogen, total phosphorus and total potassium content increased, and the content of available nutrients decreased; the activity of invertase in soil was significantly increased and there was no significant change in soil urease activity and phosphatase activity; in the mass, the amount of bacteria, fungi and actinomycetes in the soil was higher than that in the control group; dry weight of sugarcane root system decreased significantly, the number of germinating sugarcane was significantly reduced, production of sugarcane stem was reduced by 7.43% . The results of correlation analysis showed that the activity of urease was positively correlated with the number of fungi and negatively correlated with the number of actinomyces. There was a positive correlation between sucrase activity and fungal number. Phosphatase activity was negatively correlated with the number of fungi and positively correlated with actinomycetes. Under the soil condition of this experiment, mechanical compaction can improve soil moisture content, basal fertility and microbial activity to a certain extent, while the supply capacity of soil available nutrients is reduced. Meanwhile, compaction can inhibit the growth of sugarcane root system, and then affect the yield of sugarcane.

(Xiao-yan Liu, Mi Wei , Wei-zan Wang*, Qiang Liang, Wen-bin Dong, Chang-ning Li, Yi-jie Li, Jin-lan Xie)

表28　土壤养分含量的变化

Table 28　Changes of nutrient content in soil

处理 Treatment	pH	有机质(g/kg) Organic matter	全氮(%) Total N	全磷(%) Total P	全钾(%) Total K	碱解氮(mg/kg) Available nitrogen	有效磷(mg/kg) Available P	速效钾(mg/kg) Available K
A_1	5.0	22.8	0.121	0.082	0.130	105.56	14.0	129
A_0	4.9	20.5	0.130	0.078	0.121	109.20	16.1	209
B_1	4.4	25.7	0.131	0.087	0.660	115.57	24.2	234
B_0	4.2	23.0	0.126	0.088	0.600	117.17	25.8	398
C_1	4.9	25.6	0.129	0.067	0.670	101.92	24.2	139
C_0	4.6	24.0	0.124	0.063	0.640	107.38	29.0	151

表29　土壤酶活性与土壤微生物数量的典型相关系数

Table 29　Canonical correlation coefficients between soil enzyme activity and soil microbial biomass

典型相关系数λ Canonical correlation coefficent	卡方值χ^2 Statistic	自由度 *Df* Freedom degree	*P*
1.000 0**	41.446 5	9	0.000
0.986 9**	19.412 7	4	0.001
0.889 8**	13.934 3	1	0.000

注：**表示在0.01水平上显著相关。

Note：* *represents a significant correlation at the 0.01 level.

表30 土壤酶活性与土壤微生物数量的3对典型变量的构成

Table 30 Composition of the three pair canonical variables for soil enzyme activity and soil microbial biomass

第1组变量 First group variables	第2组变量 First group variables	典型变量构成 Formation of canonical variable
土壤酶活性 Soil enzyme activity	土壤微生物数量 Soil microbial biomass	U_1=−0.648 8X_1+0.606 3X_2−0.515 7X_3 V_1=0.892 1Y_1−2.172 7Y_2+2.211 4Y_3 U_2=−0.702 2X_1−0.771 9X_2+1.414 7X_3 V_2=−0.264Y_1+2.413 0Y_2−1.477 0Y_3 U_3=0.808 2X_1+1.348 4X_2−0.449 6X_3 V_3=-0.487 6Y_1-4.089 2Y_2+4.497 2Y_3

5.3 甘蔗功能基因组学研究 Functional Genomics of Sugarcane

5.3.1 组学研究 Genomics

Transcriptome Reveals Differentially Expressed Genes in Saccharum spontaneum GX83-10 Leaf under Drought Stress

Saccharum spontaneum is the most important and widely used wild germplasm in sugarcane resistance breeding, which can improve sugarcane resistance and ratoon capacity (Fig.14、Fig.15). In order to further exploit and utilize the resistance genes in S. *spontaneum*, we used a new generation of sequencing technology Illumina HiSeq highthroughput platform to analyze the expression profile of transcriptome genes in S. *spontaneum* GX83-10 leaves under normal watering (SS_CK) and drought stress (SS_T). The sequencing data were assembled by de novo, and functional annotation, differential gene screening and enrichment analysis were done. The results showed that 54 499 640 and 56 440 692 clean reads were obtained from the drought stress group and the control group, respectively. A total of 88 941 unigenes and 1 325 significantly differentially expressed genes (DEGs) were obtained in this study. The 125 functional gene groups were enriched by GO enrichment analysis. Five metabolic pathways were obtained by KEGG enrichment analysis, namely ascorbate and aldarate metabolism, plant hormone signal transduction, carotenoid biosynthesis, starch, and sucrose metabolism, and phenylpropanoid biosynthesis. Seven significantly up-regulated genes were selected to conduct qRT-PCR analysis, and the results confirmed that all the seven genes were significantly up-regulated at varying degrees under drought stress. This study revealed the molecular mechanism of S. *spontaneum* leaf in response to drought stress and provided a reference for researches on related key genes which would be beneficial to breed new drought-resistant sugarcane varieties.

(Kai-chao Wu, Li-ping Wei, Cheng-mei Huang, Yuan-wen Wei, Hui-qing Cao, Lin Xu, Hai-bin Luo, Sheng-li Jiang, Zhi-nian Deng*, Yang-rui Li*)

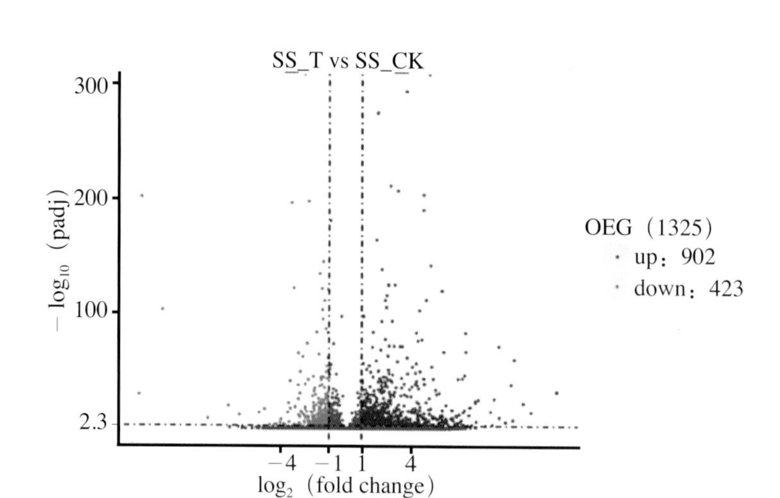

Fig. 14 Volcanic maps of differential gene expression analysis between SS_CK and SS_T

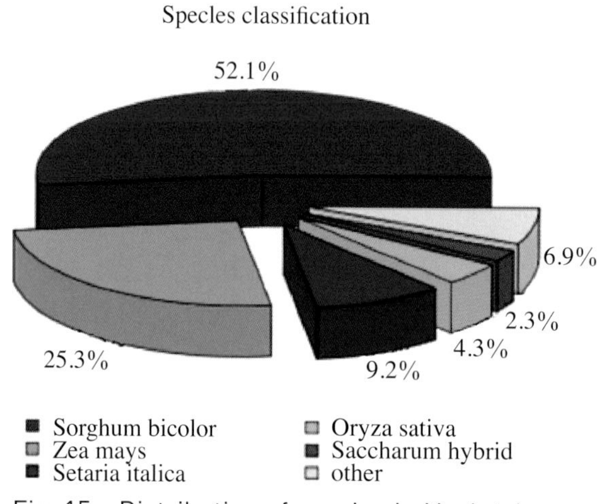

Fig. 15 Distribution of species in Nr database

Comprehensive transcriptome analysis reveals genes in response to water deficit in the leaves of *Saccharum narenga* (Neesex Steud.) hack

Sugarcane is an important sugar and energy crop that is widely planted in the world. Among the environmental stresses, the water-deficit stress is the most limiting to plant productivity(Fig.16、Fig.17). Some groups have used PCR-based and microarray technologies to investigate the gene expression changes of multiple sugarcane cultivars under water stress. Our knowledge about sugarcane genes in response to water deficit is still poor. A wild sugarcane type, *Saccharum narenga*, was selected and treated with drought stress for 22 days. Leaves from drought treated (DTS) and control (CK) plants were obtained for deep sequencing. Paired-end sequencing enabled us to assemble 104 644 genes (N50 = 1 605 bp), of which 38 721 were aligned to other databases, such as UniProt, NR, GO, KEGG and Pfam. Single-end and paired-end sequencing identified 30 297 genes (> 5 TPM) in all samples. Compared to CK, 3 389 differentially expressed genes (DEGs) were identified in DTS samples, comprising 1 772 up-regulated and 1 617 down-regulated genes. Functional analysis showed that the DEGs were involved in biological pathways like response to blue light, metabolic pathways and plant hormone signal transduction. We further observed the expression patterns of several important gene families, including aquaporins, late embryogenesis abundant proteins, auxin related proteins, transcription factors (TFs), heat shock proteins, light harvesting chlorophyll a-b binding proteins, disease resistance proteins, and ribosomal proteins. Interestingly, the regulation of genes varied among different subfamilies of aquaporin and ribosomal proteins. In addition, DIVARICATA and heat stress TFs were first reported in sugarcane leaves in response to water deficit. Further, we showed potential miRNAs that might be involved in the regulation of gene changes in sugarcane leaves under the water-deficit stress. This is the first transcriptome study of *Saccharum narenga* and the assembled genes are a valuable resource for future research. Our findings will improve the understanding of the mechanism of gene regulation in sugarcane leaves under the water-deficit stress. The output of this study will also contribute to the sugarcane breeding program.

(Xi-hui Liu, Rong-hua Zhang, Hui-ping Ou, Yi-yun Gui, Jin-ju Wei, Hui Zhou, Hong-wei Tan*, Yang-rui Li*)

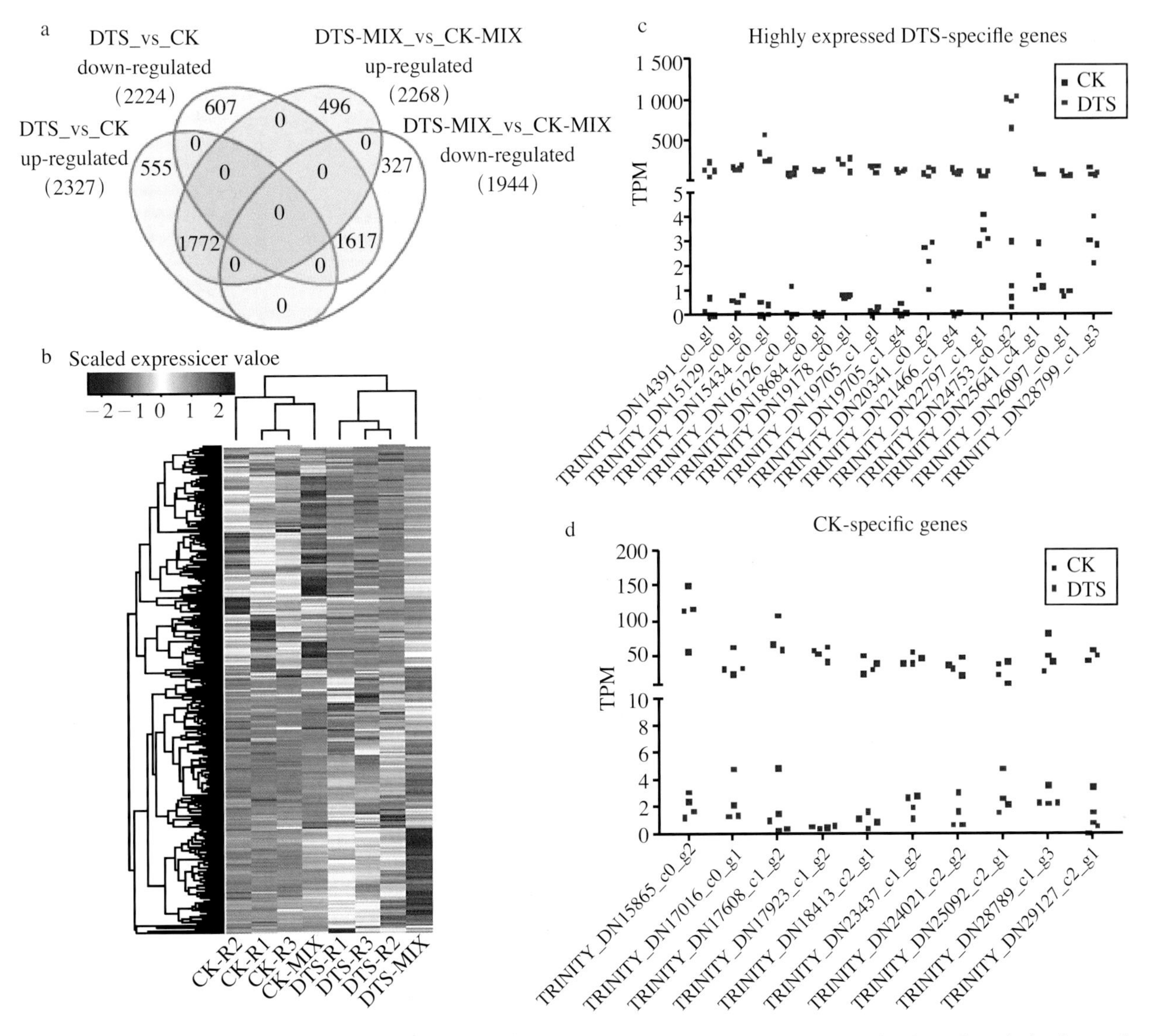

Fig.16 Differential expression analysis. a Venn diagram of DEGs identified by paired-end and single-end sequencing technologies. b Heat map of the DEG expression levels. c Highly expressed genes (> 100 TPM) exclusively identified in DTS samples. d Top 10 highly expressed genes identified exclusively in CK samples

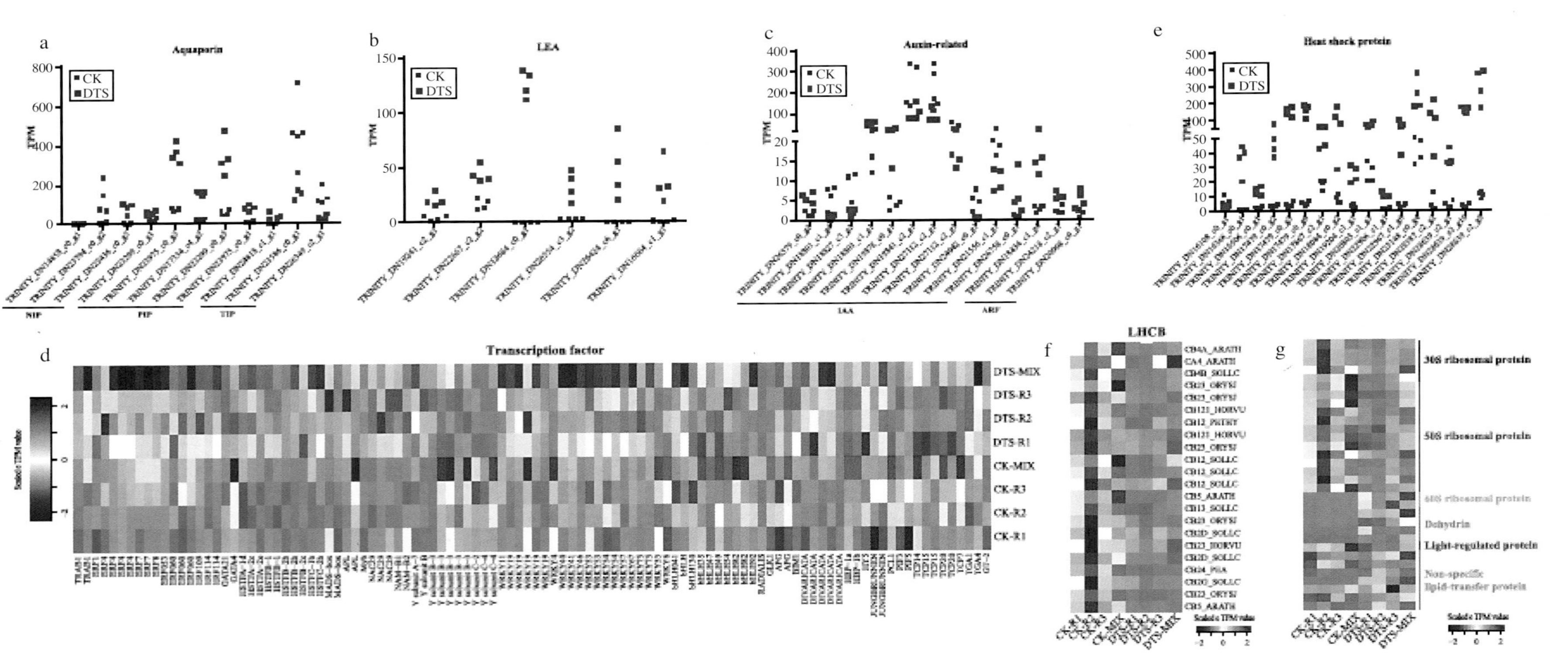

Fig. 17 Sugarcane genes in response to the water-deficit stress. We investigated the expression levels of DEGs in several families, such as a aquaporin, b LEA, c auxin-related protein, d transcription factor, e heat shock protein, f light harvest chlorophyll a-b binding protein, and g some other protein families

基于RNA-Seq的甘蔗主茎和分蘖茎转录组建立及初步分析

本研究以甘蔗与斑割复合体杂交F_1代中1个株系在主茎和分蘖茎的节间长度存在明显差异的植株为实验材料，利用RNA-seq测序技术对甘蔗主茎（节间短）和分蘖茎（节间长）叶片样品RNAs进行了转录组测序并进行从头组装分析（图18）。结果表明，共获得测序数据量11.16 Gb，其中甘蔗主茎（BG-stalk）为5.67Gb，分蘖茎（BG-tiller）为5.49Gb。去冗余后，de novo组装得到69 204条Unigene，并对这些Unigene进行七大功能数据库（NR, NT, GO, COG, KEGG, Swissprot和Interpro）注释，结果发现，有83.73%（57 942条）的Unigene得到注释，16.27%（11 262条）的Unigen未被注释。所有的Unigene共有9 156个SSR（simple sequence repeat）位点，其中三核苷酸重复最多、四核苷酸重复最少，且CCG/CGG出现的频率最高。差异表达基因分析显示，分蘖茎（BG-tiller）样品表达的上调基因有1 842个，下调基因的有2 663个。进一步对这些差异表达基因进行GO和Pathway功能分类分析，分别获得57个功能小组和19条生物通路。本研究对甘蔗主茎和分蘖茎叶片转录组信息进行初步分析，获得了分蘖茎表达上调和下调的差异基因，为后面进一步分析调控甘蔗节间长短差异的基因及挖掘甘蔗分蘖生育调控相关基因提供数据参考。

（丘立杭，罗含敏，陈荣发，黄杏，陈忠良，范业赓，陈栋，李杨瑞*，吴建明*）

Establishment and preliminary analysis on transcriptome of sugarcane between stalk and tiller based on RNA-seq technology

In this research, we used one strain of F_1 generations of sugarcane (*Saccharum officinarum* L.) intergeneric hybrid (*Erianthus arundinaceus*×*Saccharum spontaneum*) as the experimental material. This strain showed significantly different in length of internode between its stalk (mane as BG-stalk with short internode) and tiller (mane as BG-tiller with long internode), and then RNA-Seq was employed to investigate the transcriptomic differences of their first euphylla on top (Fig.18). The results showed that the amount of the sequence data was 11.16 Gb, where the stalk was 5.67 Gb and the tiller was 5.49 Gb, respectively. Filtering for redundancy, de novo assembly yielded 69 204 unigenes. Subsequently, gene function was annotated based on the following databases: Nr (NCBI non-redundant protein sequences); Nt (NCBI non-redundant nucleotide sequences); Pfam (Protein family); KOG/COG (Clusters of Orthologous Groups of proteins); Swiss-Prot (A manually annotated and reviewed protein sequence database); KO (KEGG Ortholog database); GO (Gene Ontology). It was found that 83.73% (57 942) of all unigenes had blast match in these databases, while 16.27% (11 262) unigenes with no hit. A total of 9 156 SSR (simple sequence repeat) loci were identified, of which the tri-nucleotide repeats was the highest, and the tetra-nucleotide repeats was the lowest, and the highest frequency was CCG/CGG. Compared with the stalk, the differential expression genes analysis showed that the number of the up-regulation and down-regulation genes in the first euphylla of tiller was 1 842 and 2 663, respectively. Furthermore, these differentially expressed genes (DEGs) were assigned to analyze their functional classification according to the Gene Ontology and Pathway. They were classified into 57 functional groups and 19 biological pathways. To sum up, we only preliminary analysis of transcriptome of the first sugarcane euphylla from the stalk (short internode) and tiller (long internode) and obtained many up-regulated differentially expressed genes, which would provide data reference for further analysis of

differentially expressed genes in regulating sugarcane internode length, as well as mining the related regulation genes of sugarcane tillering.

(Li-hang Qiu, Han-min Luo, Rong-fa Chen, Xing Huang, Zhong-liang Chen, Ye-geng Fan, Dong Chen, Yang-rui Li*, Jian-ming Wu*)

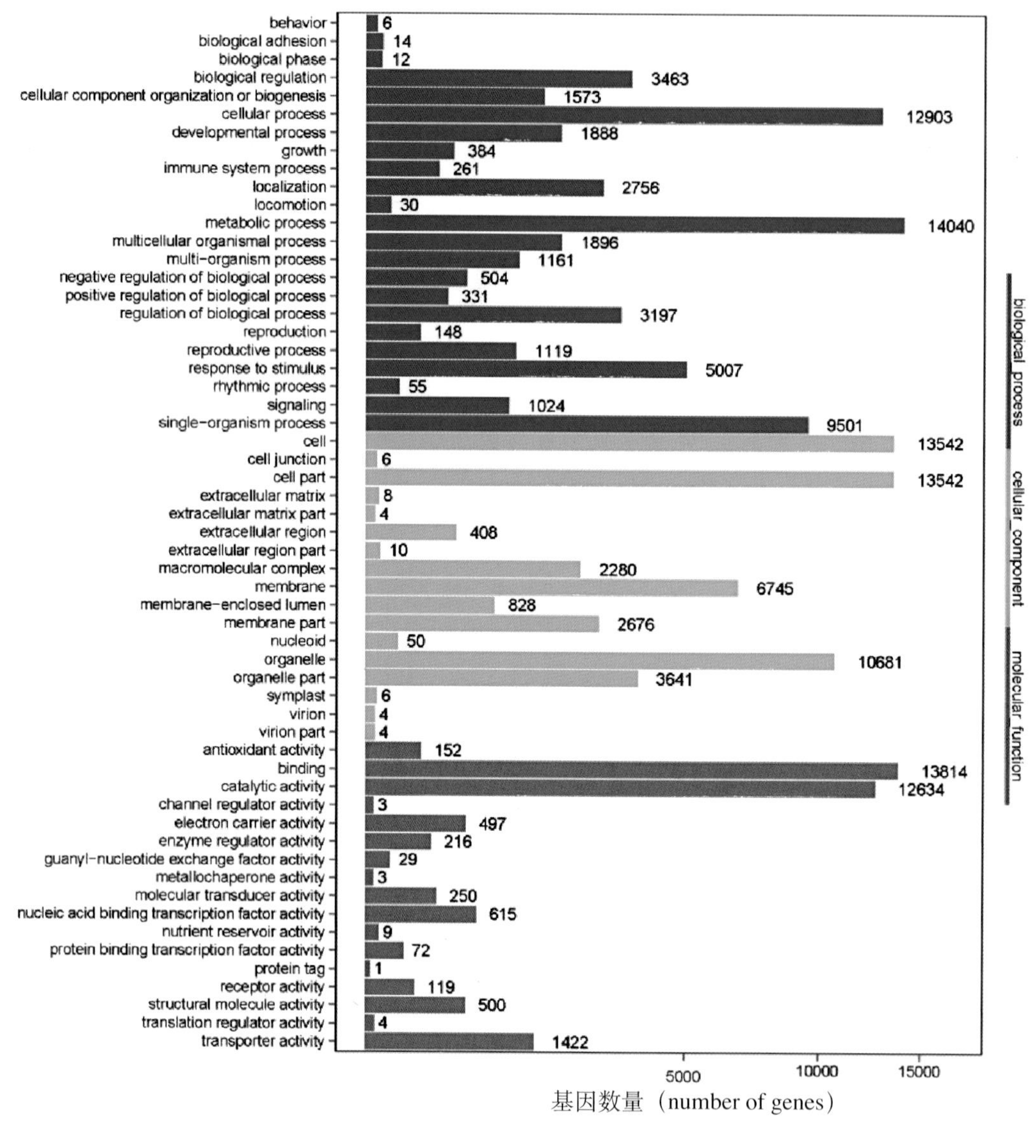

图18　差异表达基因GO功能分类

Fig.18　The GO function classification of differently expressed genes

5.3.2　基因克隆 Gene Clone

植物蔗糖合成酶基因研究进展

蔗糖合成酶（sucrose synthase, SuSy）是植物体内参与蔗糖代谢的关键酶之一。*SuSy* 基因不仅影响作物产量和淀粉含量，与植物品质相关，还参与植物非生物胁迫过程。进化分析表明，高等植物 *SuSy* 基因分为三种类型（Group）：SUS Ⅰ、SUS Ⅱ和SUS Ⅲ，SUS Ⅰ又可分为单子叶组（Monocot SUS Ⅰ）和双子叶组（Dicot SUSI），甘蔗中的5个 *SuSy* 基因也被分为三组。同一植物

中不同类型*SuSy*基因的表达具有发育和组织器官特异性，功能也有特异性。许多试验证明蔗糖能够调节*SuSy*的活性，光也能影响*SuSy*基因的表达。转基因研究表明，*SuSy*基因可以调节库强度、影响植株生长和发育。本研究全面总结国内外在植物蔗糖合成酶基因研究方面的进展，并提出问题与研究展望，为进一步研究利用植物*SuSy*基因改良作物品种提供参考。

（秦翠鲜，桂意云，陈忠良，汪淼，廖芬，李杨瑞，黄东亮*）

The Progress of Studies on Sucrose Synthase Genes in Plants

Sucrose synthase (*SuSy*) is one of the key enzymes involved in sucrose metabolism in plants. *SuSy* gene is not only related to crop yields and starch content, but also involved in plant quality, and it participates in the abiotic stress process of plants as well. Phylogenetic analysis indicates that *SuSy* gene in higher plants are divided into three groups: SUS I, SUS II and SUS III, in which SUS I group is further divided into Monocot SUS I and dicotyledonous SUS I. *SuSy* genes in sugarcane are also divided into three groups. The expressions of different types of *SuSy* gene in the same plant have developmental and tissue organ specificity, and their functions are also specific. Many experiments have demonstrated that sucrose can regulate the activity of *SuSy*. In addition, light can also affect the expression of *SuSy* gene. Transgenic researches show that *SuSy* gene can regulate the strength of the sink and affect the growth and development of the plant. This study comprehensively summarized the progress of plant sucrose synthase gene research at home and abroad, and some questions and research prospects were put forward, which could provide reference for further research and utilization of plant SuSy gene for improving crop varieties.

(Cui-xian Qin, Yi-yun Gui, Zhong-liang Chen, Miao Wang, Fen Liao, Yang-rui Li, Dong-liang Huang*)

干旱胁迫下割手密基因cDNA-SCoT差异表达分析

通过分析割手密叶片在干旱胁迫下的基因表达谱，筛选获得抗旱相关基因，为开展甘蔗抗旱性遗传改良研究提供候选基因（图19）。以割手密GX83-10为材料，构建正常浇灌（对照）及两个干旱处理叶片总RNA混合池，使用cDNA-SCoT构建割手密GX83-10伸长期应答干旱胁迫的基因表达谱，筛选、分离转录衍生片段（TDFs）并进行测序，根据NCBI数据库BLAST同源性检索结果推测基因功能，并使用qRT-PCR对抗旱相关TDFs进行表达验证分析。成功获得120个上调表达TDFs序列，其中53个TDFs序列与NCBI数据库中已录入的基因具有较高相似性，根据同源基因功能可分为10个类群：结合功能蛋白相关基因（20.75%）、新陈代谢相关基因（13.21%）、通信及信号转导相关基因（13.21%）、转录调控因子相关基因（13.21%）、运输途径相关基因（11.32%）、环境互作相关基因（9.43%）、能量代谢相关基因（7.55%）、蛋白质合成相关基因（3.77%）、防御相关基因（3.77%）及细胞成分生物合成相关基因（3.77%）。通过对运输因子家族蛋白、RING/U-box超家族蛋白、22 kD干旱诱导蛋白、微管蛋白alpha-3链和质膜H+-ATPase进行qRT-PCR分析，结果表明，这些基因在干旱胁迫下均呈不同程度的上调表达。干旱胁迫下，应用cDNA-SCoT构建割手密叶片基因表达谱筛选抗旱相关基因具有可行性。从割手密叶片中挖掘获得的抗旱及水分有效利用相关基因，可为利用野生种质资源开展甘蔗育种研究提供候选基因，改良甘蔗抗旱性，拓宽甘蔗育种基因库。

（吴凯朝，韦莉萍，徐林，唐仕云，魏源文，黄诚梅，曹辉庆，罗海斌，蒋胜理，邓智年*，李杨瑞*）

Differentially expressed gene analysis by cDNA-SCoT in *Saccharum spontaneum* under drought stress

In order to provide candidate genes for improving drought resistance of sugarcane, the gene expression profiles in Saccharum spontaneum leaf under drought stress were analyzed for screening drought resistant genes. *S. spontaneum* GX83-10 was used as material to design two treatments viz. normal watering (control, CK) and drought stress (T), and their equal quantity mixed solutions of total RNA were constructed to establish gene expression profiles in response to drought stress at elongation stage of GX83-10 by using cDNA-SCoT differential display technology. The transcript derived fragments (TDFs) were screened and isolated for sequencing, followed by the BLAST homology searching in NCBI database to deduce gene function based on homological genes. Furthermore, the related genes of drought resistance were analyzed by real time fluorescence quantitative PCR (qRT-PCR). In this study, 120 up-regulated TDFs were successfully cloned and sequenced. Among them, 53 had higher similarity than others with the accessed genes in NCBI database, and these TDFs could be classified into 10 functional groups, including associated functional protein related genes (20.75%), metabolism related genes (13.21%), communication and signal transduction related genes (13.21%), transcription regulated factor related genes (13.21%), transport pathway related genes (11.32%), environmental interaction related genes (9.43%), energy metabolism related genes (7.55%), protein synthesis related genes (3.77%), defense related genes (3.77%) and cell component biological synthesis related gene (3.77%). Transport factor 2 family protein, RING/U-box superfamily protein, 22 kD drought-inducible protein, tubulin alpha-3 chain and plasmamembrane H^+-ATPase were selected to conduct qRT-PCR analysis, and the results confirmed that all five genes were upregulated in expressions at varying degrees under drought stress. Under drought stress, it is feasible to screen the drought resistance related genes in *S. spontaneum*

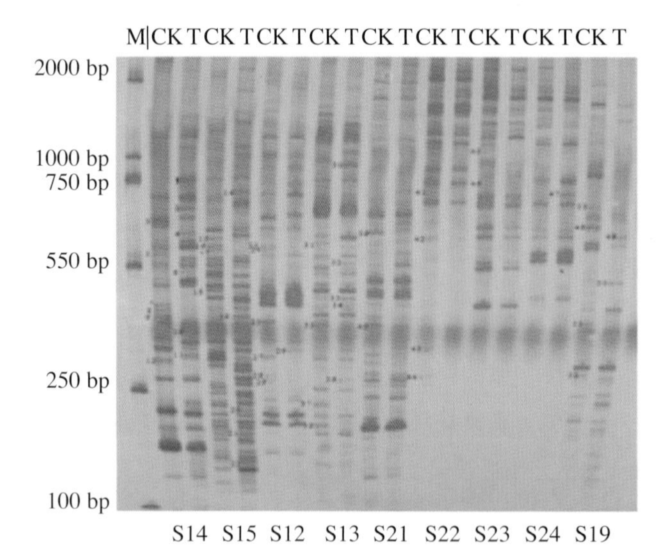

图19 干旱胁迫下GX83-10叶片基因聚丙烯酰胺凝胶表达谱

Fig.19 Polyacrylamide gel expression profiles of GX83-10 leaf gene under drought stress

M：DL2000 DNA Marker；SCoT primer：S14，S15，S12，S13，S21，S22，S23，S24 and S19

from gene expression profiles constructed by applying cDNASCoT differential display technology. The drought resistance and water efficient utilization genes, which were excavated from *S. spontaneum* leaf, will provide more candidate genes for sugarcane breeding research using wild germplasm resources to improve sugarcane drought resistance and broaden the genetic library of sugarcane breeding.

(Kai-chao Wu, Li-ping Wei, Lin Xu, Shi-yun Tang, Yuan-wen Wei, Cheng-mei Huang, Hui-qing Cao, Hai-bin Luo, Sheng-li Jiang, Zhi-nian Deng*, Yang-rui Li*)

Cloning and Identification of Differentially Expressed Genes Associated with Smut in Sugarcane

The aim of this experiment was to evaluate the molecular mechanism of sugarcane response to the smut pathogen at the beginning of the pathogen infection of sugarcane seedlings, to explore related genes, and to provide useful information for developing rational strategies to control smut at early stages of disease development (Fig.20). A suppression subtractive hybridization library was constructed using cDNA synthesized from RNA extracted from normal stalks as driver and inoculated stalks as tester. The positive clones of the libraries were sequenced randomly, analyzed by BLAST, and classified by GO. A total of 248 positive clones were selected for sequencing, and a total of 224 EST sequences were obtained. In total, 188 ESTs were found to share a considerable homology with known genes, while the remaining 36 ESTs had no homology with known genes. In the Gene Ontology database, the unigenes were assigned functional descriptions; 152, 129, and 139 ESTs were, respectively, involved in cell component, molecular function, and biological process. Some genes related to a smut pathogen infection were obtained, while the SSH library was constructed. These genes reflected the regulation of sugarcane to smut pathogen and can be used as candidate genes.

(Xiu-peng Song, Dan-dan Tian, Ming-hui Chen, Zhen-qing, Jin-ju Wei, Chun-yan Wei, Xiao-qiu Zhang, De-wei Li, Li-tao Yang*, Yang-rui Li*)

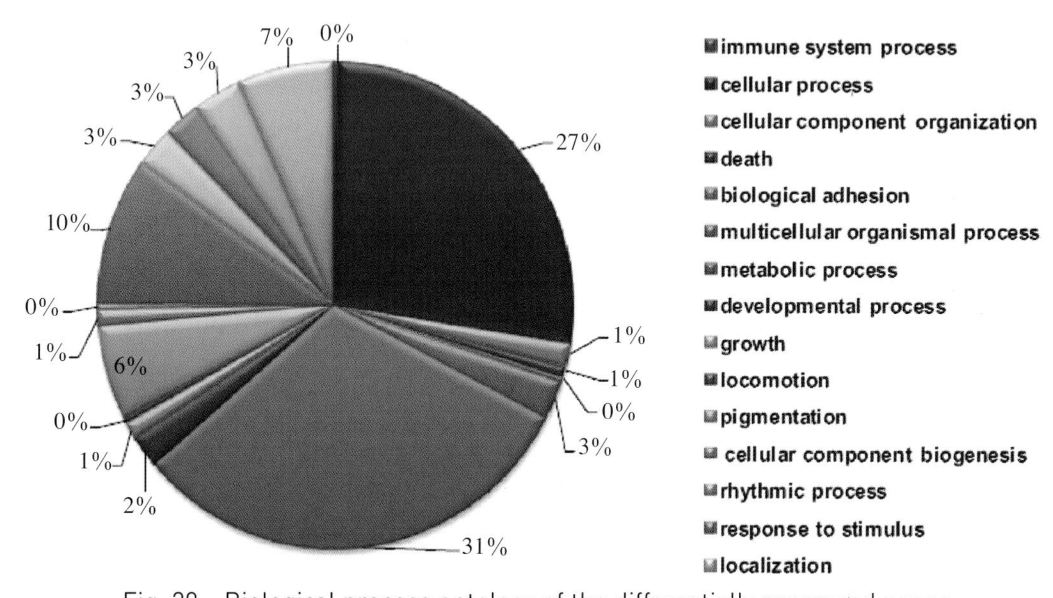

Fig. 20 Biological process ontology of the differentially expressed genes

Molecular Cloning and Expressional Analysis of Five Sucrose Transporter (SUT) Genes in Sugarcane (Fig.21、Fig.22)

Five SUT genes, namely *SoSUT1*, *SoSUT2*, *SoSUT3*, *SoSUT4*, and *SoSUT5*, were cloned, and their expressions in roots, stems, leaves, inflorescence, and buds at physiological mature stage were analyzed by qRT-PCR. Major findings of the study were: ① the molecular mass of deduced sugarcane sucrose transporter proteins was between 53.44 and 61.80 kDa, and the pIs were between 5.94 and 10.68; ② all sugarcane sucrose transporter proteins had 12 typical transmembrane domains; ③ there were two DNA sequences encoding the *SoSUT3* gene with six exons and five introns; ④ while *SoSUT2*, *SoSUT4*, and *SoSUT5* belonged to Clades SUT2, SUT4, and SUT5, other SoSUT proteins belonged to Clade

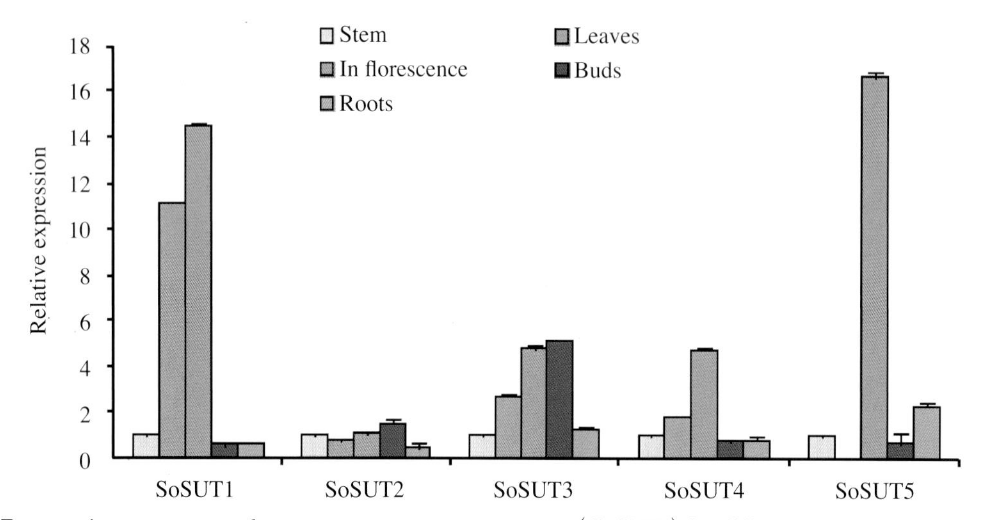

Fig. 21 Expression patterns of sucrose transporter genes (*SoSUTs*) in different organs of sugarcane at mature stage

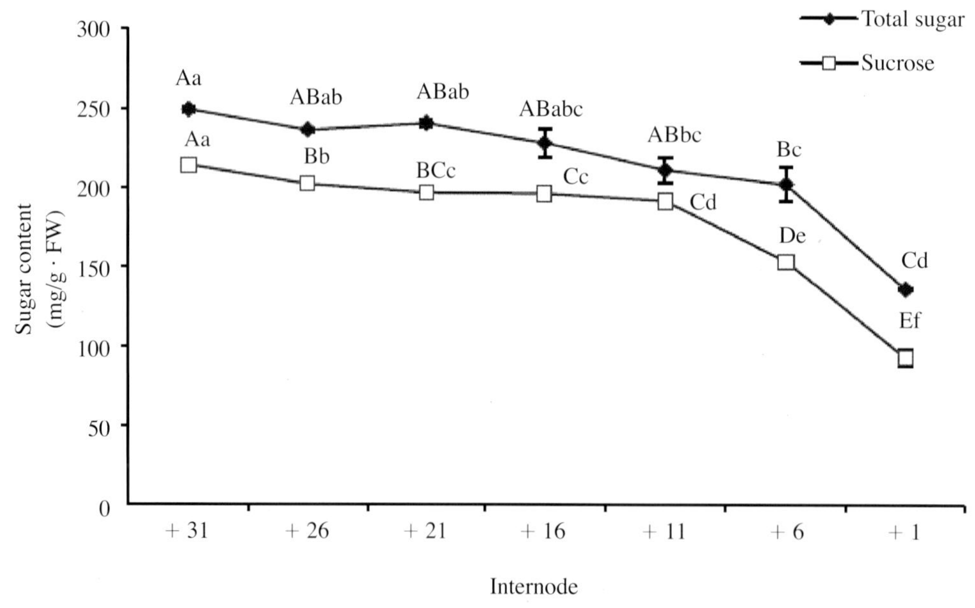

Fig. 22 Average total sugar and sucrose contents in different internodes of sugarcane at maturity stage. Note the data labeled with the same letter are not significantly different at the 0.05 (low case letter) or 0.01 level (upper case letter)

SUT3; ⑤ real time PCR analyses results showed *SoSUT1*, *SoSUT4*, and *SoSUT5* had highly abundant expression in the inflorescence, and *SoSUT2* and *SoSUT3* highly expressed in the buds and inflorescence at physiological maturity. These data may indicate that different SUT genes may be transcribed during the sucrose accumulation process in sugarcane stems and that the expressions of *SoSUTs* may play an important role in sugarcane inflorescence development.

(Jun-qi Niu, Jing-li Huang, Thi-Thu Phan, Yong-bao Pan, Li-tao Yang*, Yang-rui Li*)

5.3.3 转基因研究 Genetic Modification

转*SoSUT5*基因甘蔗的生长特性

研究甘蔗蔗糖转运蛋白*SoSUT5*基因对甘蔗主要农艺性状和相关生理生化特性的影响，为评价转基因甘蔗的生长情况及验证*SoSUT5*基因的功能提供参考（图23）。通过PCR扩增和测序验证6个转*SoSUT5*基因甘蔗品系（T1、T2、T3、T6、T9和T11），以野生型甘蔗B8植株为对照，在苗期、分蘖期、伸长期和成熟期分别测定甘蔗的株高、茎径、叶绿素相对含量和+1叶叶面积，成熟期时测定蔗茎的可溶性糖含量。通过PCR扩增测序获得6个转*SoSUT5*基因甘蔗品系的目的基因序列，表明导入的*SoSUT5*基因已整合到甘蔗基因组DNA中。除T6外，其他5个转基因甘蔗品系的株高、茎径和+1叶叶面积均高于对照，其中成熟期时5个转基因甘蔗品系的茎径和+1叶叶面积均显著高于对照（$P<0.05$，下同），T1、T2和T9的株高及T1、T2和T11的叶绿素相对含量显著高于对照。成熟期时6个转*SoSUT5*基因甘蔗品系的可溶性总糖含量均高于对照，其中T2、T9和T11的可溶性总糖含量极显著高于对照（$P<0.01$），分别比对照高40.3%、40.3%和33.4%。*SoSUT5*基因在甘蔗中过表达可促进甘蔗生长，并可提高蔗茎的可溶性总糖含量。由此推测，该基因可能与甘蔗节间糖分积累有关，且对甘蔗生长起促进作用。

（王露蓉，黄婵，顾彩彩，宋奇琦，杨丽涛*，邢永秀，农友业，李杨瑞*）

Growth characteristics of *SoSUT5* transgenic sugarcane

The present study was carried out to investigate the influence of sucrose transporter *SoSUT5* gene on main agronomic traits and related physiological and biochemical characteristics of sugarcane, and provide references for evaluating growth of the transgenic sugarcane and verifying the function of six *SoSUT5* genes (Fig.23). The *SoSUT5* transgenic sugarcane lines(T1, T2, T3, T6, T9 and T11)were verified by PCR amplification and sequencing. Taking wild sugarcane B8 plant as control, agronomic characters such as plant height, stem diameter, relative chlorophyll content and +1 leaf area were measured at seedling stage, tillering stage, elongation stage and mature stage respectively, and soluble sugar content in stem were determined at mature stage. Six target gene sequence of *SoSUT5* transgenic sugarcane lines were obtained by PCR amplification and sequencing, indicating that the introduced *SoSUT5* gene has been integrated into sugarcane genomic DNA. Except for line T6, the plant height, stem diameter and +1 leaf area in the other five lines were higher than those of control. Among them, the stem diameter and +1 leaf area of five transgenic sugarcane lines were significantly higher than those of control at mature stage($P<0.05$, the same below), the plant height of T1, T2 and T9 and the relative chlorophyll content of T1, T2 and T11 were significantly higher than those of control. The soluble sugar content in the six transgenic lines were higher than the control at mature stage, among which, those of T2, T9 and T11 were extremely higher than that of control ($P<0.01$), and were 40.3% , 40.3% and 33.4 % higher than that of control respectively. Overexpression of *SoSUT5* gene in sugarcane can promote sugarcane growth and increase soluble sugar content. Therefore, it is inferred that this gene is related to sugar accumulation in the sugarcane internodes and may promote the growth of sugarcane.

(Lu-rong Wang, Chan Huang, Cai-cai Gu, Qi-qi Song, Li-tao Yang[*], You-xiu Xing, You-ye Nong, Yang-rui Li[*])

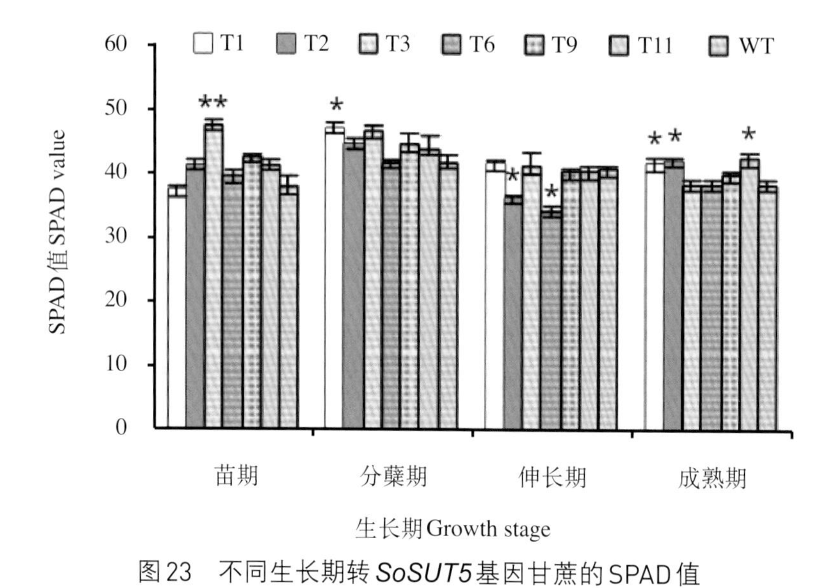

图23　不同生长期转 *SoSUT5* 基因甘蔗的SPAD值

Fig.23　SPAD value in *SoSUT5* transgenic sugarcane lines at different growth stages

Isolation, Transformation and Overexpression of Sugarcane *SoP5CS* Gene for Drought Tolerance Improvement

Drought is one of the very important growth limiting factors for sugarcane production in China. D1-pyrroline-5-carboxylate synthase (P5CS) is the rate-limiting enzyme in proline synthesis, and it plays an important role in plant response to drought stress (Fig.24). In this study, sugarcane P5CS (*SoP5CS*) gene was cloned and submitted in GenBank with the accession number KJ546350. The gene *SoP5CS* was 2 151 bp in length, encoding 716 amino acids with a predicted molecular weight of 77.73 kDa and an isoelectric point of 6.14. The qRT-PCR analysis showed that the expression of *SoP5CS* was higher in leaf than in root and stalk, and strongly induced under ABA, PEG, NaCl and 4 °C treatments. The plant excessive expression vector of *SoP5CS* was built and transformed into sugarcane calli by *Agrobacterium*-mediated transformation method, and transgenic sugarcane plants were obtained. Under drought stress, some transgenic lines with overexpressed *SoP5CS* showed significantly higher in *SoP5CS* expression level, proline accumulation, abscisic acid content, superoxide dismutase activity and relative water content but lower MDA content and chlorophyll (SPAD value) decrease as compared with the WT plants. Moreover, all the transgenic plants increased drought stress tolerance. Our findings indicated

that *SoP5CS* plays an important role in response to abiotic stresses and overexpression of *SoP5CS* can improve drought tolerance in transgenic sugarcane plants.

(Jian Li, Thi-Thu Phan, Yang-rui Li*, Yong-xiu Xing, Li-tao Yang*)

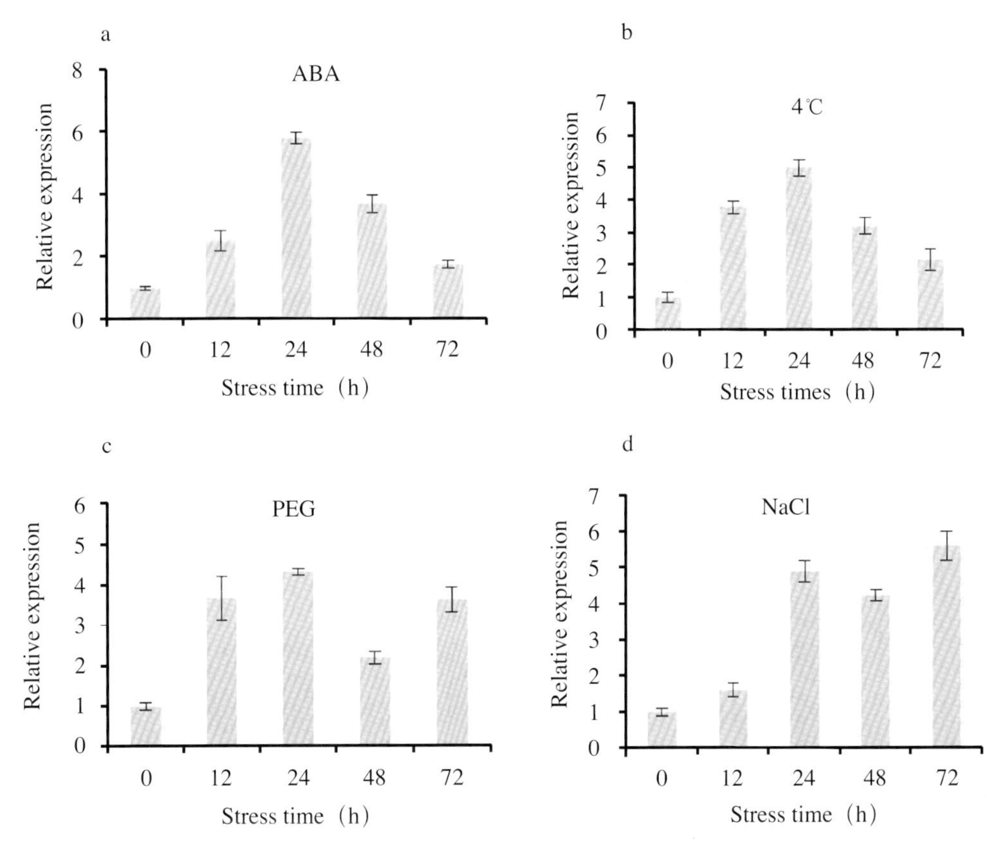

Fig. 24 Expression of *SoP5CS* in sugarcane leaves under stresses of 0.1 mM ABA (a), 4 ℃ (b), 15% PEG (c) and 200 mM NaCl (d). The error bars represent the standard deviations of three biological replicates.

5.4 甘蔗病虫害致病机理及生物防治 Pathogenesis Mechanism and Biological Control of Sugarcane Diseases and Pests

5.4.1 甘蔗虫害生物防治 Biological Control of Sugarcane Pests

Occurrence of Telenomus dignus (Gahan) on the Sugarcane Borers, Scirpophaga intacta Snellen and Chilo sacchariphagus Bojer in Guangxi Province, China

Sugarcane (*Saccharum officinarum* L.) is an important crash crop in Guangxi, China. The sugarcane borers (Scirpophaga intacta Snellen and Chilo sacchariphagus Bojer) cause serious damage to sugarcane crop in Guangxi Province (Fig.25、Fig.26). Consequently, increasing attention has been given into the investigation and development of biocontrol agents to control these pests. The parasitoid wasp *Telenomus* sp. Has previously been reported as a natural enemy of sugarcane borers in Guangxi Province. *Telenomus dignus* is the species found parasitizing borer eggs in field in Fujian Province, but it has not been previously mentioned as natural enemy of these pests. *T. dignus* was collected on *S. intacta* egg masses and identified from Shangsi County of Guangxi Province during 2013. In these studies, the parasitic behavior of *T. dignus* on eggs of *S. intacta* and *C. sacchariphagus* was investigated under field conditions during 2013–2014. The results from the current study showed that the percentage of parasitized egg masses of *S. intacta* parasitized by *T. dignus* was 45.71 and 57.14% in 2013 and 2014, respectively, while in *C. sacchariphagus* egg masses, the percentage of parasitism by *T. dignus* was 45.28 and 51.09% in 2014, respectively.The sex ratio (female/ male) of *T. dignus* adults on *S. intactawas* 1.45:1 in 2013 and 5.17 : 1 in 2014 and was 2.17 : 1 on *C. sacchariphagus* in 2014. *T. dignus* was the dominant egg parasitoid of these two species of sugarcane borers in isolated sugarcane regions in Guangxi Province. Further investigations on biology of *T. dignus* are required to develop this parasitoid as a more widespread biocontrol agent of sugarcane borers.

(Zhen-qiang Qin *, Franois-Régis Goebel, De-wei Li, Jin-ju Wei, Xiu-peng Song, Ya-wei Luo, Lu Liu, Zhan-yun Deng)

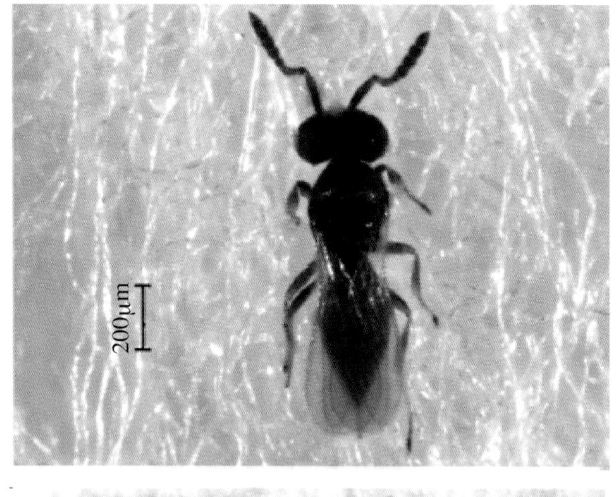

Fig. 25 Morphological characters of Telenomus dignus female

Fig. 26 Morphological characters of Telenomus dignus male

突背蔗犀金龟雌雄成虫的鉴别方法

突背蔗犀金龟是甘蔗重要的地下害虫，快速、准确的鉴别雌雄成虫，对其生物学和生态学研究具有重要的意义。本文根据成虫腹部臀板和腹板的形态特征进行雌雄鉴别，并计算鉴别准确率。结果表明：雄成虫的臀板比较饱满，末端圆钝，腹板各腹节之间的间距较小，略显紧凑。雌成虫臀板中央部分有轻微凹陷，末端相对较尖，腹板各腹节之间的间距较宽，平滑。鉴别准确率为100%。

（商显坤，黄诚华*，潘雪红，魏吉利）

The method for identifying sexuality of Alissonotum impressicolle Arrow adults

Alissonotum impressicolle Arrow is an important underground pest on sugarcane. Rapid andaccurate identifying adult sex has important significance for biology and ecology research of *A. impressicolle*. In this paper, adult sex was identified based on pygidium and sternum characters of abdomen, and calculated accuracy of identification. The results showed that in male, the pygidium was full, and bottom was blunt. The spacing of each abdominal segment was small and compact. In female, the center portion of pygidium was slight dent, and bottom was sharp. The spacing of each abdominal segment was wide and smooth. The accuracy of identification was 100% .

(Xian-kun Shang, Cheng-hua Huang *, Xue-hong Pan, Ji-li Wei)

茭白和甜玉米对甘蔗二点螟生长发育的影响

明确茭白和甜玉米对甘蔗二点螟生长发育的影响，为开展甘蔗二点螟人工大量饲养及防控技术研究提供科学依据。在温度（26±1）℃的空调房中，挑取初孵二点螟幼虫单头接入培养皿内，分别饲以茭白茎段和甜玉米粒块，每3 d更换1次食料，每天定时观察记录幼虫的发育情况和存活数量，幼虫化蛹后第2 d观察记录其性别及称量体重，记录幼虫化蛹、蛹羽化、成虫死亡日期，计算各虫态的发育历期、存活率及雌雄性比。每处理重复50皿，试验共培养3批次。取食茭白和甜玉米的二点螟幼虫平均历期雄性分别为22.54和26.29 d，雌性分别为24.69和29.77 d，两者均达极显著差异水平（$P<0.01$）；取食茭白和甜玉米的二点螟蛹平均历期分别为8.68和8.94 d，成虫平均寿命分别为4.12和3.90 d，两者均差异不显著（$P>0.05$）；蛹平均体重分别为0.073 6 g和0.065 1 g，差异达显著水平（$P<0.05$）；初孵幼虫饲养至蛹时的平均存活率分别为49.30％和38.00％，饲养至成虫羽化时的平均存活率分别为46.00％和36.00％；雌雄性比分别为0.70和0.55。甘蔗二点螟室内取食茭白较甜玉米更适合其个体的生长发育。

（李德伟，覃振强*，罗亚伟，宋修鹏，魏春燕，丁华珍，林婵）

Effects of Zizania latifolia and sweet corn on growth and development of Chilo infuscatellus Snellen

The effects of Zizania latifolia and sweet corn on the growth and development of Chilo infuscatellus Snellen were studied to provide references for large-scale artificial breeding of *C. infuscatellus* and control techniques. Under(26±1)°C indoor condition with air conditioner, single newlyhatched larva was selected and put into the culture dish fed with *Z. latifolia* or sweet corn, which were replaced every 3 d. The developmental status and survival rates of larvae were observed regularly every day. The sex and the weight of the pupa were observed and recorded on the 2nd day after the larva turned into pupa. The dates when larvae pupated, adult emerged and died were recorded, and developmental periods, survival rates and sex ratio were calculated. Fifty dishes were repeated for each treatment, and three batches were cultured in the experiment under the conditions of (26±1)°C. When feeding on Z. latifolia and sweet corn, the average duration of larva of *C. infuscatellus* for males were 22.54 and 26.29 d respectively, while for females were 24.69 and 29.77 d respectively. There was extremely significant difference between feeding on *Z. latifolia* and sweet corn ($P<0.01$). The average durations of pupae were 8.68 d and 8.94 d respectively, and the average life span of adults were 4.12 and 3.90 d respectively. There was no significant difference between the two foods ($P>0.05$). The average weights of pupae were 0.073 6g and 0.065 1g respectively. There was significant difference between the two ($P<0.05$). The average survival rate from hatching larvae to pupae of *C. infuscatellus* were 49.30% and 38.00% respectively, to adult were 46.00 % and 36.00 % respectively. The sex ratios of female to male were 0.70 and 0.55 respectively. The results from this study show that feeding *Z. latifolia* indoor is more beneficial for the growth and development of *C. infuscatellus* than sweet corn.

(De-wei Li, Zhen-qiang Qin*, Ya-wei Luo, Xiu-peng Song, Chun-yan Wei, Hua-zhen Ding, Chan Lin)

5.4.2 甘蔗病害防治及机理研究 Sugarcane Disease Control and Mechanism Research

广西北海蔗区甘蔗白条病发生情况调查

对广西北海蔗区疑似发生甘蔗白条病的样本进行PCR检测鉴定，明确甘蔗白条病在广西北海的发生情况，为甘蔗白条病的防控提供科学依据（图27）。2016年11月，在广西北海合浦县、银海区和铁山港区采集疑似甘蔗白条病样本372份，涉及19个甘蔗品种/系，采用甘蔗白条病病原白条黄单胞菌［*Xanthomonas albilineans*（Ashby）Dowson］特异引物XAF1和XAR1对采集样本的DNA进行PCR检测。对部分有阳性条带的PCR产物进行切胶回收，并送样测序，然后在NCBI上进行BLAST比对分析。所采集的372份样本中，有78份样本扩增出目的条带，阳性检出率为20.97%；19个甘蔗品种中，有13个品种检测出阳性条带，检出率为68.42%，其中白叶病检出率较高的是柳城07-95、桂糖46号、桂糖42号和柳城07-536，检出率分别为75.00%、68.75%、48.15%和33.33%。部分阳性条带经克隆后测序，在NCBI上进行BLAST比对分析，发现其与广西白条病分离物KY315212.1的同源性为99%，表明它们均属于甘蔗白条病基因片段序列。甘蔗白条病已在广西北海蔗区发生危害，今后需加强检疫工作，防止从疫区调运感病蔗种，以控制病害进一步扩散蔓延。

（韦金菊，魏春燕，宋修鹏，覃振强*，谭宏伟，张荣华，庞天，王伦旺，刘璐，李杨瑞*）

Sugarcane leaf scald disease in sugarcane planting areas of Beihai, Guangxi

Sugarcane with suspected leaf scald disease in Beihai sugarcane fields in Guangxi were identified by PCR test to determine whether the disease occurs in Beihai, Guangxi, and to provide scientific basis for the control of sugarcane leaf scald (Fig.27). In November, 2016, 372 sugarcane samples with suspected leaf scald disease in Hepu County, Yinhai District and Tieshangang District of Beihai, Guangxi were collected, which belonged to 19 varieties/ lines. PCR test was conducted on DNA of the samples collected using specific primers XAF1 and XAR1 of Xanthomonas albilineans (Ashby) Dowson (pathogeny of sugarcane leaf scald). PCR products with positive bands were recovered and sequenced, than BLAST comparison of the results were conducted in NCBI. In the 372 samples, there were 78 samples amplified target bands with positive detection rate being 20.97% . Out of 19 sugarcane varieties, 13 ones had target band with positive detection rate being 68.42% . The sugarcane varieties with high positive detection rate of sugarcane leaf scaldwere Liucheng 07-95 (75.00%), Guitang 46 (68.75%), Guitang 42 (48.15%), Liucheng 07-536 (33.33%). Partial positive bands were cloned and sequenced, then BLAST comparison of their sequences were conducted in NCBI. The results showed that they had 99% homology with the Guangxi leaf scald disease isolate KY315212.1, which confirmed that they belonged to leaf scald disease gene fragment sequences. Sugarcane leaf scald disease occurs in Beihai, Guangxi. Therefore, quarantine must be strengthened and diseased sugarcane cannot be transported from infected area to prevent the further spread of the disease.

(Jin-ju Wei, Chun-yan Wei, Xiu-peng Song, Zhen-qiang Qin *, Hong-wei Tan, Rong-hua Zhang, Tian Pang, Lun-wang Wang, Lu Liu, Yang-rui Li *)

图27　疑似甘蔗白条病植株症状

Fig.27　Sugarcane with suspected leaf scald disease

Occurrence and Grading of Resistance Analysis of Sugarcane Pokkah Boeng in LiuZhou and LaiBin Counties of GuangXi Province

A survey was conducted in six counties of Liuzhou and Laibin cities with the method of fixed-point and random selection. The resistance of the varieties for pokkah boeng disease in the field was comprehensively evaluated combining the disease resistance standard and cluster analysis, and the regional difference of sugarcane pokkah boeng occurrence was analyzed as well. The incidence of sugarcane pokkah boeng in Liuzhou and Laibin cities of Guangxi province ranged 0~6.11% , in which plant crop was 0.34% ~1.87% and ratoon crop was 0~6.11% . Ratoon cane was found to be more susceptible than the plant crop. Variety Yuetang 93-159 was more susceptible in Xingbin county of Laibin city, followed by variety Yuetang 00-236 in Wuxuan county of Laibin city. Three varieties Liucheng 03-1137, ROC16 and GT40 were identified as highly resistant varieties, and the rest six varieties performed resistance behavior to pokkah boeng in various region., The incidence of pokkah boeng disease was remarkably different among the 6 investigated sugarcane growing counties, of which Wuxuan county had the highest incidence with 2.85% and Rong'an county had the lowest with 1.52% . Within the city area, the incidence of pokkah boeng disease was not much varying, which was slightly lower incidence in Liuzhou city (1.93%) compared to Laibin city (2.39%). The degree of occurrence of the disease varied in different regions, and the level of resistance also varied in different regions. At present, pokkah boeng has not emerged as a serious threat to sugarcane production in Liuzhou and Laibin cities.

(Shan-hai Lin, Wei-xing Duan, Shi-yun Tang, Ze-ping Wang, Yi-jie Li)

5.5 甘蔗生物固氮机理及氮高效利用 Mechanism of Biological Nitrogen Fixation and Efficient Nitrogen Utilization in Sugarcane

5.5.1 甘蔗生物固氮机理 Mechanism of Biological Nitrogen Fixation in Sugarcane

接种内生固氮菌A01（*Pantoea agglomeras*）对甘蔗伸长期固氮生理特性的影响

研究固氮菌株DX120E在甘蔗幼苗中的侵染定殖及其对不同甘蔗品种生长生理的影响，为进一步分析该固氮菌与甘蔗的相互作用机制提供参考依据。以3个甘蔗品种ROC22、B8和GT21为试验材料，将DX120E用gfp基因标记后，以浸根法接种甘蔗，观察其在甘蔗中的侵染定殖情况，分别在接菌后60 d、90 d和120 d，调查甘蔗的株高、叶绿素含量及鲜重，并测定氮代谢关键酶活性指标。获得了稳定表达DX120E-gfp接合子菌株；接种后第7 d ，在3个甘蔗品种的根部和叶片中均检测出nifH基因表达，片段大小约为360 bp。荧光显微镜观察结果表明，接种后第7 d，固氮菌定殖在甘蔗的根毛区、新生侧根处、根断裂伤口处及叶片横切处。盆栽试验结果表明，接种固氮菌DX120E对3个甘蔗品种有明显促生作用，与不接菌对照相比，接菌后120 d，ROC22、

B8和GT21的株高分别增加23%、20%和14%，地上部分鲜重分别增加25%、31%和11%，地下部分鲜重分别增加40%、34%和30%。且3个甘蔗品种叶片的谷氨酰胺合成酶和硝酸还原酶活性总体上高于对照。采用菌液浸根法接种甘蔗，固氮菌DX120E能在甘蔗根部定殖并向地上部分转移定殖。采用该方法处理甘蔗，对甘蔗有明显的促生效应，但不同品种间存在一定差异。

（顾彩彩，王震，王露蓉，毛莲英，宋奇琦，杨丽涛，邢永秀*，李杨瑞*）

Gfp maker of nitrogen-fixing bacteria DX120E and inoculation effects on different sugarcane varieties

The infection and colonization of nitrogen-fixing bacteria DX120E in sugarcane seedlings and the effects on the growth and physiology in different sugarcane varieties were studied to provide reference for further analysis of the interaction mechanism between nitrogen-fixing bacteria and sugarcane. Sugarcane varieties ROC22, GT21and B8 were used as test materials. After DX120E was labeled with *gfp* gene, sugarcane was inoculated by root soaking method, and infection and colonization of DX120E in sugarcane were observed. The plant height, chlorophyll content and fresh weight of sugarcane were investigated at 60, 90 and 120 d after inoculation, and the key enzyme activities of nitrogen metabolism were measured. Stably expressed DX120E-*gfp* zygote strains was obtained. On day 7 after inoculation, *nifH* gene expression was detected in the roots and leaves of three sugarcane varieties, and the fragment size was approximately 360 bp. The results of fluorescence microscopy showed that on day 7 after inoculation, nitrogenfixing bacteria was colonized in the root hair zone, the neonatal lateral roots, the root fracture wounds and the cross-sections of the leaves of sugarcane. Pot experiment showed that compared with the control of inoculation with no nitrogen-fixing bacteria, the sugarcane inoculated with nitrogen-fixing bacteria DX120E could effectively promote the growth of the three varieties. And 120 d after inoculation, the plant heights of ROC22, B8 and GT21 respectively increased by 23% , 20% and 14% ; the fresh weight of aboveground increased by 25% , 31% and 11% respectively; the fresh weight of underground part increased by 40% , 34% and 30% respectively. The activity of glutamine synthetase and nitrate reductase in leaves of the three sugarcane varieties was also higher than that of the control. By using the root-soaking method to inoculate sugarcane, the nitrogen-fixing bacteria strain DX120E can colonize the roots and transfer to the leaves of sugarcane. Using this method to treat sugarcane has obvious promoting effects on sugarcane, but there are some differences between different varieties.

(Cai-cai Gu, Zhen Wang, Lu-rong Wang, Lian-ying Mao, Qi-qi Song, Li-tao Yang, Yong-xiu Xing *, Yang-rui Li *)

5.5.2 甘蔗氮高效利用 Efficient Nitrogen Utilization in Sugarcane

Effect of Biochar on Growth, Photosynthetic Characteristics and Nutrient Distribution in Sugarcane (Table 31、Table 32 and Fig.28)

Continuous growing of exhaustive crops like sugarcane and imbalanced use of fertilizers would deplete the soil nutrients, degrade its health and ultimately restrict the crop growth. Biochar due to its unique nature can improve soil health, plant growth and nutrient distribution. The pot experiment was carried out with the biochar which derived from cassava straw additions of 0 t/hm^2 (C0), 10 t/hm^2 (C10) and 20 t/hm^2 (C20), respectively. The biomass, green leaf number, leaf area, shoot/root ratio, photosynthetic characteristics and nitrogen, phosphorus and potassium nutrient contents were measured during sugarcane seedling, elongating and maturity stages to analyze the effect of biochar on sugarcane growth. The results showed that biochar application improved leaf biomass from 7.80 to 50.40% . However, biochar addition did not show a significant increase in sugarcane total biomass except form leaf biomass. Total biomass of sugarcane showed the coherent pattern of 0.20 % , - 4.24 % and 5.81 % for C10 and 1.74 % , 11.98 % and - 1.83 % for C20 at seedling, elongation and maturity stages, respectively. The accumulation of nitrogen, phosphorus and potassium contents in leaves, shoots and roots was significantly increased at seedling, elongation and maturity stage, respectively. Furthermore, maximum total nitrogen content (4.64 %) for C10, total phosphorus content (11.47 g/kg) and total potassium content (76.29 g/kg) for C20 also were higher than those of control at elongation stage. Biochar application significantly increased net photosynthetic rate and decreased transpiration rate during all the growth stages. These findings not only lead us to know that biochar application has positive effect on sugarcane growth, photosynthetic characteristics and nutrients utilization, but also indicate that field trials for several growing cycles are needed to fully understand the effects of biochar on sugarcane growth.

(Fen Liao, Liu Yang*, Qiang Li, Jian-jun Xue, Yang-rui Li*, Dong-liang Huang, Li-tao Yang)

Table 31 Biochar effect on dry biomass of sugarcane

Growth stages	Biochar (t/hm^2)	Leaf (g)	Stem (g)	Root (g)	Total (g)
Seedling	C0	6.92 ± 19.1 a	12.47 ± 1.49 a	9.91 ± 0.69 a	29.30 ± 2.31 a
	C10	8.05 ± 2.29 a	12.66 ± 1.92 a	8.66 ± 1.15 a	29.36 ± 1.73 a
	C20	8.67 ± 0.33 a	12.47 ± 2.55 a	8.67 ± 3.29 a	29.81 ± 2.23 a
Elongation	C0	16.27 ± 1.80 b	207.30 ± 24.56 a	34.72 ± 4.87 a	258.29 ± 18.59 a
	C10	23.53 ± 2.63 a	202.03 ± 16.71 a	21.78 ± 1.10 a	247.34 ± 15.55 a
	C20	24.47 ± 2.01 a	238.07 ± 20.70 a	26.69 ± 2.12 a	289.23 ± 23.54 a
Maturity	C0	32.45 ± 0.84 ab	507.91 ± 24.46 a	42.44 ± 5.29 a	582.81 ± 28.65 a
	C10	34.98 ± 2.04 a	532.59 ± 29.88 a	49.10 ± 3.12 a	616.67 ± 34.26 a
	C20	28.88 ± 2.02 b	495.00 ± 37.58 a	48.23 ± 3.10 a	572.11 ± 42.32 a

The different lowercase letters in a column depict a significant different between means at $P < 0.05$ level. Data are presented as mean ± standard error (SE).

Table 32 Biochar effect on shoot/root ratio, green leaves number and leaf area of sugarcane

Growth stages	Biochar (t/hm^2)	Shoot/root	Leaf area (cm^2)	Leaf number
Seedling	C0	1.97 ± 0.38 a	308.83 ± 81.06 a	13.33 ± 2.08 a
	C10	2.39 ± 0.40 a	268.27 ± 66.17 b	13.67 ± 2.08 a
	C20	2.56 ± 0.76 a	335.61 ± 28.39 a	13.67 ± 1.51 a

（续）

Growth stages	Biochar (t/hm^2)	Shoot/root	Leaf area (cm^2)	Leaf number
Elongation	C0	6.72 ± 3.01 a	1 197.63 ± 91.32 b	16.67 ± 2.51 a
	C10	10.93 ± 3.44 a	1 235.88 ± 63.48 b	11.67 ± 2.08 a
	C20	9.90 ± 2.35 a	1 460.76 ± 142.22 a	15.67 ± 2.08 a
Maturity	C0	12.83 ± 1.20 a	2 626.45 ± 160.88 b	13.33 ± 2.08 a
	C10	11.91 ± 2.66 a	2 574.22 ± 233.38 b	13.00 ± 2.00 a
	C20	11.31 ± 3.55 a	3 215.72 ± 229.93 a	10.67 ± 2.89 a

The different lowercase letters in a column depict a significant different between means at $P < 0.05$ level. Data are presented as mean ± standard error (SE).

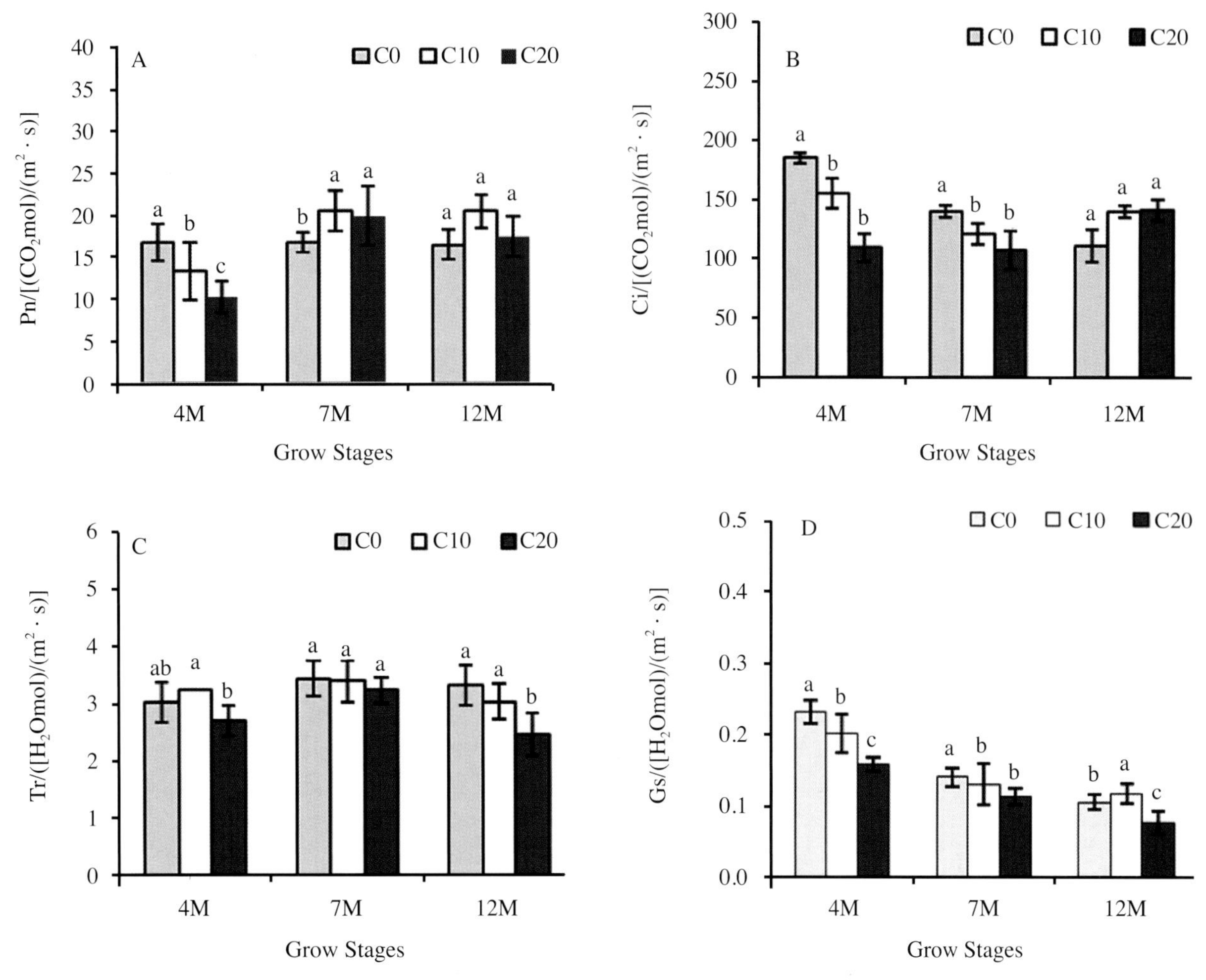

Fig.28 Effects of biochar on net photosynthetic rate (Pn) Fig;1a, intercellular CO_2 (Ci) Fig;1b, transpiration rate (Tr) Fig;1c and stomatal conductance (Gs) Fig;1d, of sugarcane. 4 M; 4 month after transplanting (Seedling stage) , 7 M; 7 month after transplanting (Elongation stage) and 12 M; 12 month after transplanting (Mature stage) , C0; 0 t/hm^2 of biochar, C10; 10 t/hm^2 of biochar and C20; 20 t/hm^2 of biochar.

Characteristics and inorganic N holding ability of biochar derived from the pyrolysis of agricultural and forestal residues in the southern China

Biochar not only provides an important way to utilize agricultural and forestry waste, but also plays an important role in soil improvement and soil carbon sequestration (Fig.29、Fig.30). This study mainly investigated the effect of pyrolysis temperatures(300, 500 and 650 °C) and feedstock types including Banana Leaf (BL), Banana Stalk (BS), Banana Pseudo stem (BP), Sugarcane Leaf (SL), Sugarcane Stalk (SS), Cassava Stem (CS), Mulberry Stalk (MS),and Eucalyptus Branches (EB) on the biochar properties an its inorganic N holding ability. The results showed that the physical properties of biochar were more affected by agricultural and forestal residues types e.g.; herbaceous feedstock materials resulted in lower surface area (2-70 m^2/g) while woody materials obtained relatively higher surface area (200-380m^2/g). However, the chemical properties of biochar were affected by pyrolysis temperature, as results indicated that BL biochar obtained pH 10.0 at 650 °C, while 8.45 at 300 °C, BS got highest CEC value 13.79 cmol/kg at 650 °C, while 6.83 cmol /kg at 300 °C. NH_4^+-N sorption amount was ranging from 609.59 to 2 040.40 mg/kg by different biochars, BS biochar adsorbed the highest amount of NH_4^+-N (1668.11 to 2040.4 mg/kg) among all the feedstock materials. Biochar derived from herbaceous biomass had relatively lower yield and C content as compared with that of wooden biomass. However, herbaceous biochars showed relatively better chemical properties than that of wooden biochars. The inorganic nitrogen holding ability of biochar was significantly affected by feedstock resources.

(Fen Liao, Liu Yang *, Qiang Li, Yang-rui Li, Li-tao Yang, Anas, Mohammed., Dong-liang Huang)

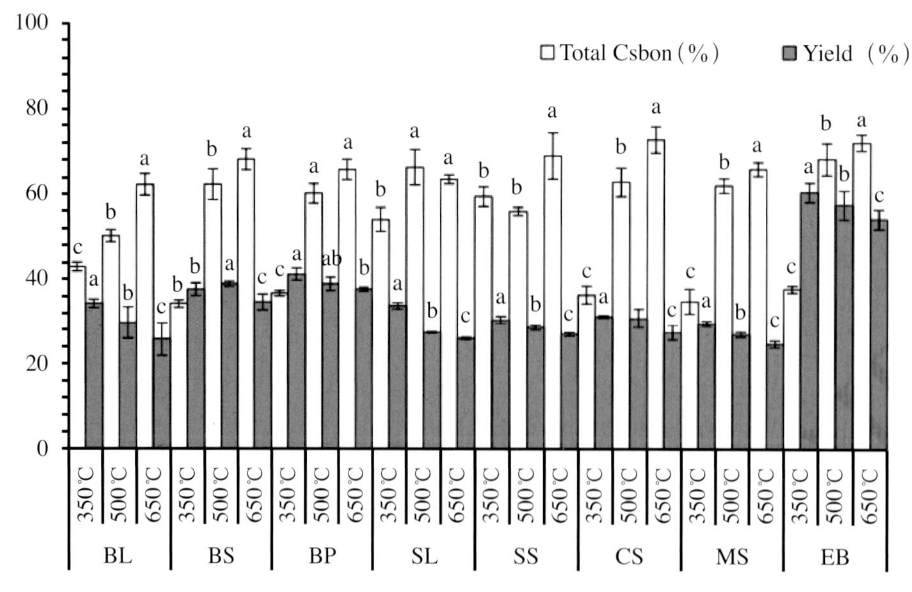

Fig.29 Yield (%) and Carbon content (%) of biochars derived from different feedstock and pyrolysised at different temperature

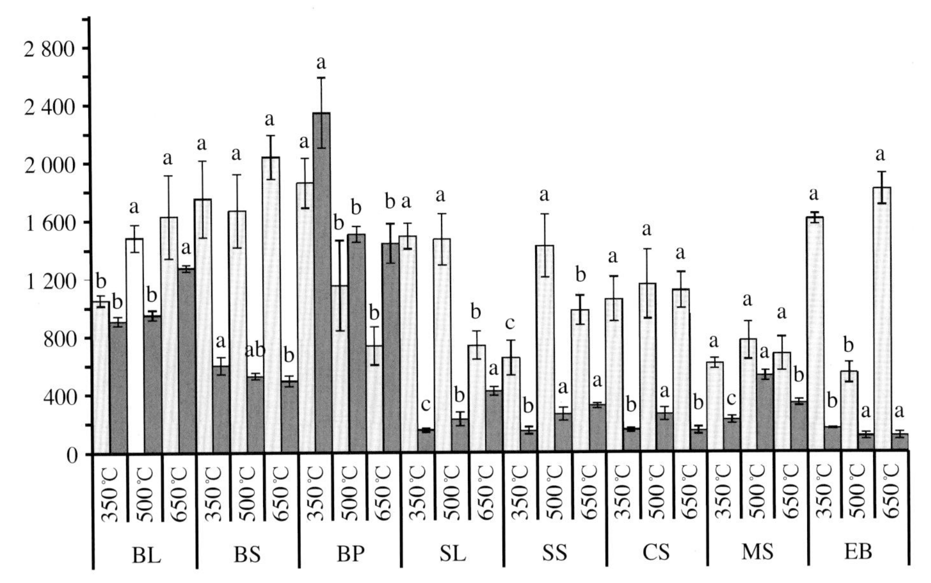

Fig . 30 Max adsorbing capacity of NO_3^- ($qeNO_3^-$ -N) and NH_4^+ ($qeNH_4^+$-N) of biochars derived from different biomass and pyrolyzed at different temperature

6 附　录

APPENDIX

6.1 实验室学术委员会和固定人员组成 Academic Committee and Staff

表33　广西甘蔗遗传改良重点实验室学术委员会

Table 33　Academic Committee of Guangxi Key Laboratory of Sugarcane Genetic Improvement

姓 名 Name	职 称 Title	专 业 Speciality	工作单位 Work unit	学委会职务 Duty in committee
彭　明	研究员	分子遗传学与基因组学	中国热带农业科院热带生物技术研究所	主任委员
李杨瑞	教　授	甘蔗育种及栽培	广西农业科学院	副主任委员
谭宏伟	研究员	土壤农化	广西农业科学院甘蔗研究所	委员
许莉萍	研究员	作物学	福建农林大学	委员
张树珍	研究员	作物遗传育种	中国热带农业科院热带生物技术研究所	委员
沈万宽	研究员	甘蔗抗病育种	华南农业大学	委员
郭家文	研究员	甘蔗栽培	云南农业科学院甘蔗研究所	委员
齐永文	研究员	植物分子育种	广东省生物工程研究所	委员
董登峰	教　授	植物学	广西大学	委员
黄东亮	研究员	甘蔗生物技术	广西农业科学院甘蔗研究所	委员
周　会	研究员	甘蔗遗传育种	广西农业科学院甘蔗研究所	委员

表34　广西甘蔗遗传改良重点实验室主要人员

Table 34　Staff in Guangxi Key Laboratory of Sugarcane Genetic Improvement

序号 Number	姓 名 Name	性别 Gender	出生年月 Birth	学位 Degree	职 称 Title	专业/研究方向 Speciality	博导 Ph.D. Tutor	硕导 M.S. Tutor	备注 Comment
1	李杨瑞	男	1957-04	博士	教授	甘蔗栽培与遗传育种	✓	✓	学术带头人
2	谭宏伟	男	1961-02	学士	研究员	土壤农业化学		✓	学术带头人
3	杨丽涛	女	1961-02	博士	教 授	甘蔗功能基因组	✓	✓	研究骨干

（续）

序号 Number	姓名 Name	性别 Gender	出生年月 Birth	学位 Degree	职称 Title	专业/研究方向 Speciality	博导 Ph.D. Tutor	硕导 M.S. Tutor	备注 Comment
4	黄东亮	男	1973-11	博士	研究员	甘蔗功能基因组			学术带头人
5	杨荣仲	男	1963-09	博士	研究员	甘蔗遗传育种			学术带头人
6	吴建明	男	1978-04	博士	研究员	甘蔗功能基因组			研究骨干
7	王维赞	男	1970-04	硕士	研究员	甘蔗栽培生理			学术带头人
8	PRAKASH LAKSHMANAN	男	1959-05	博士	教授	甘蔗分子育种	√	√	学术带头人
9	王伦旺	男	1965-09	学士	研究员	甘蔗遗传育种		√	学术带头人
10	张革民	男	1968-09	学士	研究员	甘蔗育种及种质资源创新		√	学术带头人
11	刘昔辉	男	1982-09	硕士	研究员	甘蔗育种及种质资源创新			管理人员
12	吴凯朝	男	1979-06	博士	副研究员	甘蔗分子育种			管理人员
13	林 丽	女	1982-04	博士	副研究员	甘蔗固氮			管理人员
14	廖 芬	女	1978-08	硕士	副研究员	甘蔗分子育种			管理人员
15	黄 杏	女	1984-01	博士	副研究员	作物栽培生理及分子育种			管理人员
16	汪 淼	女	1982-10	硕士	副研究员	甘蔗分子育种			管理人员
17	桂意云	女	1980-02	硕士	助理研究员	甘蔗分子育种			管理人员
18	陈忠良	男	1984-03	硕士	助理研究员	生物化学与分子生物			管理人员
19	莫璋红	女	1976-08	硕士	助理研究员	甘蔗栽培生理			管理人员
20	秦翠鲜	女	1984-11	硕士	助理研究员	甘蔗分子育种			管理人员
21	丘立杭	男	1983-05	硕士	副研究员	甘蔗栽培生理及分子生物学			管理人员
22	陈荣发	女	1986-08	硕士	助理研究员	甘蔗栽培生理及分子生物学			管理人员
23	徐 林	女	1983-11	硕士	助理研究员	甘蔗育种			管理人员
24	范业赓	男	1979-10	硕士	助理研究员	甘蔗栽培生理			管理人员
25	邓智年	女	1976-06	博士	副研究员	甘蔗分子育种			研究骨干
26	周 会	男	1976-05	博士	研究员	甘蔗育种及种质资源创新			研究骨干
27	李 松	男	1964-03	硕士	研究员	甘蔗健康种苗培育			研究骨干
28	游建华	男	1964-07	硕士	研究员	甘蔗育种			研究骨干
29	黄诚华	男	1974-02	博士	副研究员	甘蔗植保			研究骨干
30	何为中	男	1965-06	硕士	研究员	甘蔗生物技术			研究骨干
31	李长宁	男	1984-10	博士	副研究员	甘蔗栽培生理及分子生物学			研究骨干
32	宋修鹏	男	1984-09	博士	助理研究员	甘蔗植保			研究骨干

（续）

序号 Number	姓名 Name	性别 Gender	出生年月 Birth	学位 Degree	职称 Title	专业/研究方向 Speciality	博导 Ph.D. Tutor	硕导 M.S. Tutor	备注 Comment
33	罗 霆	女	1980-11	博士	副研究员	甘蔗育种及种质资源创新			研究骨干
34	高铁静	女	1981-06	硕士	副研究员	甘蔗育种及种质资源创新			研究骨干
35	张保青	男	1980-09	博士	助理研究员	甘蔗种质资源			研究骨干
36	唐仕云	男	1978-03	硕士	副研究员	甘蔗遗传育种			研究骨干
37	李 鸣	男	1977-09	博士	研究员	甘蔗遗传育种			研究骨干
38	谭 芳	女	1964-03	学士	副研究员	甘蔗遗传育种			研究骨干
39	梁 强	男	1981-04	硕士	副研究员	甘蔗栽培生理			研究骨干
40	谢金兰	女	1977-01	硕士	副研究员	甘蔗栽培生理			研究骨干
41	覃振强	男	1975-06	博士	副研究员	甘蔗植保			研究骨干
42	林善海	男	1979-08	博士	副研究员	甘蔗植保			研究骨干
43	刘俊仙	女	1982-10	硕士	副研究员	甘蔗生物技术			研究骨干
44	段维兴	男	1984-08	硕士	副研究员	甘蔗育种及种质资源创新			研究骨干
45	王泽平	男	1983-06	博士	副研究员	甘蔗育种及种质资源创新			研究骨干
46	周忠凤	女	1974-06	学士	高级农艺师	甘蔗遗传育种			研究骨干
47	贤 武	女	1971-11	学士	副研究员	甘蔗遗传育种			研究骨干
48	廖江雄	男	1964-09	博士	副研究员	甘蔗遗传育种			研究骨干
49	李 翔	男	1981-10	博士	副研究员	甘蔗遗传育种			研究骨干
50	雷敬超	男	1981-08	硕士	助理研究员	甘蔗遗传育种			研究骨干
51	黄海荣	男	1982-10	硕士	助理研究员	甘蔗遗传育种			研究骨干
52	张荣华	男	1982-09	硕士	助理研究员	甘蔗生物技术			研究骨干
53	庞 天	男	1968-06	大专	副研究员	甘蔗新品种推广			研究骨干
54	樊保宁	男	1963-10	硕士	副研究员	甘蔗栽培生理			研究骨干
55	罗亚伟	男	1968-01	学士	助理研究员	甘蔗栽培生理			研究骨干
56	梁 阗	男	1963-10	大专	农艺师	甘蔗栽培生理			研究骨干
57	刘晓燕	女	1982-04	硕士	助理研究员	甘蔗栽培生理			研究骨干
58	李毅杰	男	1984-11	硕士	助理研究员	甘蔗栽培生理			技术人员
59	潘雪红	女	1979-05	硕士	助理研究员	甘蔗植保			技术人员
60	韦金菊	女	1981-09	硕士	助理研究员	甘蔗植保			技术人员
61	商显坤	男	1983-07	硕士	助理研究员	甘蔗植保			技术人员
62	魏吉利	女	1979-11	硕士	助理研究员	甘蔗植保			技术人员

（续）

序号 Number	姓名 Name	性别 Gender	出生年月 Birth	学位 Degree	职称 Title	专业/研究方向 Speciality	博导 Ph.D. Tutor	硕导 M.S. Tutor	备注 Comment
63	翁梦苓	女	1982-10	硕士	助理研究员	甘蔗栽培生理			技术人员
64	刘红坚	女	1976-12	学士	助理研究员	甘蔗生物技术			技术人员
65	刘丽敏	女	1978-02	硕士	助理研究员	甘蔗生物技术			技术人员
66	卢曼曼	女	1983-09	硕士	助理研究员	甘蔗生物技术			技术人员
67	杨翠芳	女	1985-03	硕士	助理研究员	甘蔗育种及种质资源创新			技术人员
68	经 艳	女	1982-04	硕士	助理研究员	甘蔗遗传育种			技术人员
69	邓宇驰	男	1984-10	硕士	农艺师	甘蔗遗传育种			技术人员
70	周 珊	女	1985-07	硕士	助理研究员	甘蔗育种及种质资源创新			技术人员
71	李德伟	男	1980-08	硕士	副研究员	甘蔗植保			技术人员
72	张小秋	女	1987-04	硕士	助理研究员	甘蔗植保			技术人员
73	周慧文	女	1990-08	硕士	助理研究员	甘蔗栽培生理			技术人员
74	颜梅新	男	1978-04	博士	副研究员	甘蔗植保			技术人员
75	闫海锋	男	1980-09	博士	助理研究员	甘蔗分子育种			技术人员
76	黄玉新	女	1989-08	硕士	助理研究员	甘蔗种质资源创新利用			技术人员
77	李傲梅	女	1995-03	硕士	助理研究员	甘蔗植保			技术人员

表35 农业农村部广西甘蔗生物技术与遗传改良重点实验室学术委员会

Table 35 Academic Committee of Key Laboratory of Sugarcane Biotechnology and Genetic Improvement（Guangxi）, Ministry of Agriculture, P.R.C

姓名 Name	职称 Title	专业 Speciality	工作单位 Work unit	学委会职务 Duty in committee
彭 明	研究员	分子遗传学与基因组学	中国热带农业科院热带生物技术研究所	主任委员
李杨瑞	教 授	甘蔗育种及栽培	广西农业科学院	副主任委员
谭宏伟	研究员	土壤农化	广西农业科学院甘蔗研究所	委员
许莉萍	研究员	作物学	福建农林大学	委员
张树珍	研究员	作物遗传育种	中国热带农业科院热带生物技术研究所	委员
沈万宽	研究员	甘蔗抗病育种	华南农业大学	委员
郭家文	研究员	甘蔗栽培	云南省农业科学院甘蔗研究所	委员
齐永文	研究员	植物分子育种	广东省生物工程研究所	委员
董登峰	教 授	植物学	广西大学	委员
黄东亮	研究员	甘蔗生物技术	广西农业科学院甘蔗研究所	委员
周 会	研究员	甘蔗遗传育种	广西农业科学院甘蔗研究所	委员

6.2 博士后培养和研究生教育 Postdoctoral Fellow Training and Postgraduate Education

表36 2018年博士后培养一览表

Table 36 Postdoctoral fellow training in 2018

序号 No.	姓名 Name	国籍 Nationality	项目名称 Project title	时间 Time 起 Start	止 End	获博士学位单位和专业 Speciality and institution of Ph.D degree
1	Rajesh Kumar Singh	印度India	氮素施用水平对甘蔗根际微生物和固氮菌多样性的效应 Effects of nitrogen concentration on diversity of microorganism and nitrogen fixation bacteria in rhizosphere of sugarcane	2014-11		印度Rani Durgavati大学 Rani Durgavati University, India
2	Pratiksha Singh	印度India	甘蔗感染黑穗病后不同抗性相关基因的表达和生理生化变化 Study on the interaction mechanism of sugarcane and smut pathogen *Ustilago scitaminea*	2015-08		印度Punjab农业大学 Punjab Agricultural University, India
3	Mukesh Kumar Malviya	印度India	甘蔗/豆科间作系统对甘蔗内生固氮菌多样性的影响 Characterization of sugarcane diazotrophs under different nitrogen fertilization rates	2016-06		印度Rani Durgavati大学 Rani Durgavati University, India

表37 2018年毕业博士研究生一览表

Table 37 Ph D. graduated in 2018

姓名 Name	性别 Gender	专业 Speciality	论文题目 Dissertation	导师 Ph.D. Tutor
苏利荣	女	作物栽培学与耕作学	间作绿豆绿肥压青还田对甘蔗生长及蔗地土壤的影响 Effect of Mung Bean intercropping and returning as green manure on sugarcane growth and field soil	李杨瑞
杜成忠	男	作物栽培学与耕作学	不同甘蔗品种抗旱性的生理和分子机制 Physiological and molecular mechanisms of drought resistance of different sugarcane varieties	李杨瑞
刘昔辉	男	作物栽培学与耕作学	甘蔗与河八王杂交后代的遗传、DNA甲基化及抗旱基因挖掘 Inheritance, DNA methylation of the hybrid progeny of S.officinarum L.and narenga porphyrocama (hance) bor and drougaht-tolerant gene mining	李杨瑞
唐仕云	男	作物栽培学与耕作学	甘蔗新品种综合选择的遗传基础及抗寒性评价 Genetic basis of comprehensive selection and evaluation of cold resistance of sugarcane varieties	杨丽涛

表38 2018年毕业硕士研究生一览表

Table 38 Masters graduated in 2018

姓名 Name	性别 Gender	专业 Speciality	论文题目 Thesis	导师 Tutor
宋奇琦	女	作物栽培学与耕作学	同抗性甘蔗品种应答黑穗病菌侵染的生理生化特性及蛋白质组学研究 The physiological, biochemical and proteomics responses of sugarcane varieties with different resistance to Smut disease	李杨瑞
王露蓉	女	植物学	转SoSUT5基因甘蔗T1代的功能验证及生理生化特性分析 The physiological and biochemical characteristics of transgenic sugarcane with SoSUT5 gene	李杨瑞
陆建明	男	作物栽培学与耕作学	不同施氮水平对不同品种宿根蔗氮代谢及产量品质的影响 Effects of nitrogen application level on nitrogen metabolism and cane yield and quality different sugarcane varieties	杨丽涛
顾彩彩	女	植物学	固氮细菌DX120E在不同甘蔗品种的定殖及nifH表达特性 The colonization and the nifh gene expression characters of azotobacter DX120E in different sugarcane varieties	杨丽涛

表39 2018年在读博士研究生一览表

Table 39 Ph.D. postgraduate students in 2018

姓名 Name	性别 Gender	导师 Tutor	入学时间 Entrance date	姓名 Name	性别 Gender	导师 Tutor	入学时间 Entrance date
望飞勇	男	杨丽涛	2008-09	赵培方	男	杨丽涛	2015-09
李　翔	男	杨丽涛	2012-09	Aamir Mahood	男	李杨瑞	2016-09
李　健	男	杨丽涛	2014-09				

表40 2018年在读硕士研究生一览表

Table 40 M.S. postgraduate students in 2018

姓名 Name	性别 Gender	导师 Tutor	入学时间 Entrance date	姓名 Name	性别 Gender	导师 Tutor	入学时间 Entrance date
祝　开	男	杨丽涛	2014-09	王　震	男	李杨瑞	2014-09
李佳慧	女	邢永秀	2014-09	唐丽华	女	李杨瑞	2016-09
黄　婵	女	李杨瑞	2016-09	毛莲英	女	邢永秀	2016-09
刘芳君	女	李素丽	2016-09	李　强	男	李杨瑞	2017-09
陈教云	女	李杨瑞	2017-09				

图书在版编目（CIP）数据

广西农业科学院甘蔗发展报告．2018：汉英对照 / 农业农村部广西甘蔗生物技术与遗传改良重点实验室，广西甘蔗遗传改良重点实验室编．—北京：中国农业出版社，2021.5

ISBN 978-7-109-28029-8

Ⅰ.①广… Ⅱ.①农… ②广… Ⅲ.①甘蔗-栽培技术-汉、英 Ⅳ.①S566.1

中国版本图书馆CIP数据核字（2021）第045048号

GUANGXI NONGYE KEXUEYUAN GANZHE FAZHAN BAOGAO 2018

中国农业出版社出版

地址：北京市朝阳区麦子店街18号楼

邮编：100125

责任编辑：王琦瑢

版式设计：王 晨　责任校对：刘丽香　责任印制：王 宏

印刷：中农印务有限公司

版次：2021年5月第1版

印次：2021年5月北京第1次印刷

发行：新华书店北京发行所

开本：889mm × 1194mm 1/16

印张：7.5

字数：240千字

定价：198.00元
